Hôzuki,
la librería de Mitsuko

Aki Shimazaki

colecciónotraslatitudes

Hôzuki,
la librería de Mitsuko

Aki Shimazaki

Traducción de
Íñigo Jáuregui

Nørdicalibros
2017

Título original: *Hôzuki; L'Ombre du chardon, 2*

Originally published Leméac Éditeur (Montréal) en 2015

Doctor Blanco Soler, 26 - CP: 28044 Madrid
Tlf: (+34) 917 055 057 - info@nordicalibros.com
www.nordicalibros.com
Primera edición en Nórdica Libros: mayo de 2017
Duodécima reimpresión: febrero de 2023
ISBN: 978-84-16830-73-2
Depósito Legal: M-14352-2017
IBIC: FA
Impreso en España / *Printed in Spain*
Imprenta Kadmos
(Salamanca)

Diseño de colección: Filo Estudio
Maquetación: Diego Moreno
Corrección ortotipográfica: Victoria Parra y Ana Patrón

Coloco en el escaparate unos libros de ocasión que acabo de comprar. Son más o menos las cuatro de la tarde y empiezan a caer copos de nieve.

Tarô permanece fuera pese al frío. Sentado a la mesa bajo el tejadillo, juega con sus animales de plástico. Absorto en su juego, no repara en la nieve. Balancea lentamente la cabeza, como si reflexionara. Mi mirada se detiene en el color de su pelo: castaño. Distraída, rememoro la escena en que yo corría estrechando un bebé entre mis brazos.

De pronto, Tarô levanta la cabeza y se lanza corriendo a la acera. Extiende sus manitas para atrapar los copos, con la boca abierta hacia el cielo. Sonrío. Cuando se vuelve hacia el escaparate, nuestras miradas se encuentran. Me llama en lengua de signos:

—¡Mamá, la primera nevada!

Le respondo articulando cada sílaba:

—Sí, es el *ha-tsu-yu-ki.*[1]

De nuevo en la mesa, mi hijo mete los juguetes en la bolsa amarilla confeccionada por mi madre. Cuando entra, le digo:

---

[1] Las palabras en cursiva se han agrupado en un glosario al final del libro. *(N. del E.).*

—La abuela está preparando *takoyaki*.

Abre los ojos como platos. Es su merienda favorita. Me dice por signos:

—¿En serio? ¡Tengo hambre!

Sube rápidamente al piso, mientras yo sigo colocando libros en el escaparate: filosofía, religión, bellas artes, historia, novela policíaca. No vendo libros para niños ni mangas, ya sean para jóvenes o para adultos. Pongo también estuches de lápices y marcapáginas decorados con flores secas que ha hecho mi madre. Bonitos y útiles, estos objetos artesanales son muy populares.

Hay pocos transeúntes por la calle. Es martes. En general, es el día más tranquilo en la tienda. Decido aprovechar este respiro para limpiar los escaparates por fuera.

Cuando vuelvo a la puerta de entrada con un trapo y un cubo de agua, me topo con una mujer a la que no he visto antes, acompañada de una niña pequeña. La mujer me saluda inclinando la cabeza:

—Buenos días. Vengo a buscar unos libros.

Me digo: «¡Ah, una nueva clienta!». Dejo el trapo y el cubo junto al mostrador, mientras oigo a las dos hablar.

—Mamá, esta librería es como el despacho de papá.

—¡Sí, es cierto! Llena de libros antiguos.

La madre rondará los treinta y pocos. Lleva un kimono de alta calidad en colores pastel muy refinados, y la hija una capa rojo oscuro de igual calidad. Tengo la impresión de que van a una reunión oficial. La niña parece tener unos años menos que mi hijo, que tiene casi siete. Con mirada curiosa, observa el interior de la tienda.

—No tenemos libros para niños —le advierto a la mujer.

En sus labios se dibuja una sonrisa.

—Lo sé. Busco libros de filosofía.

Su última palabra me sorprende: no tiene pinta de filósofa. Echo un vistazo a su rostro ligeramente maquillado. Lleva el pelo negro bien arreglado, con un estilo digno de su kimono. Desprende perfume del bueno. Sin duda es un ama de casa acomodada. Sin embargo, percibo tristeza en su mirada. Me tiende un papel.

—Ésta es la lista de títulos. Mi marido me ha enviado con la esperanza de que tenga estos libros.

La miro por el rabillo del ojo. «Ah, para su marido. Eso lo explica todo». Examino los títulos. Son siete, y todos me suenan. Levanto la vista.

—Espere un momento, señora. No tardaré mucho.

La sección de Filosofía está situada enfrente de la escalera. Mientras busco los títulos, la mujer hojea un grueso libro de psicología. La niña, por su parte, se pone delante del muestrario que hay debajo de la caja. Allí es donde están los marcapáginas y los estuches de lápices.

Se oye un ruido en el piso de arriba. Poco después, Tarô baja las escaleras con su bolsa amarilla llena de juguetes. La madre y la hija se vuelven a la vez hacia él, que me llama con las manos:

—Mamá, los *takoyaki* estaban riquísimos. ¡Me he comido diez!

La mujer manifiesta una gran sorpresa, como mucha gente, no sólo porque mi hijo hable en lengua de signos, sino también porque es mestizo. Su hija le sigue en silencio con la mirada. Contesto a Tarô en la misma lengua:

—¡Diez! ¿Tantos? Espero que me quede alguno.

—No te preocupes, mamá. La abuela ha hecho muchos.

—¡Qué bien! Luego los comeré.

Tarô advierte la presencia de la niña, que continúa mirándolo. Le digo:

—Nieva todavía, así que juega dentro.

La madre observa nuestro diálogo silencioso sin despegar la vista de mi hijo. Estoy acostumbrada a reacciones semejantes. Tarô se sienta a la mesa situada detrás de la escalera. Arriba, en el piso, tiene papel y su caja de lápices de colores.

Al cabo de un rato, consigo encontrar seis de los siete títulos de la lista. Se lo digo a mi clienta, que me responde con tono satisfecho:

—¡Lo tiene casi todo! Mi marido se pondrá muy contento.

Voy a la caja pensando: «¿Por qué tiene que repetir siempre "mi marido" delante de una desconocida? ¿Cómo sabe su marido que existe mi librería?».

La pequeña ya no está delante del muestrario. Sin que me diera cuenta, se ha ido a la mesa donde Tarô juega con los animales de plástico. Sentada frente a él, dibuja. Mi hijo parece cómodo con esa niñita a la que nunca antes ha visto. El silencio los envuelve.

Mientras apunto los títulos en mi cuaderno, la mujer regresa con otros libros.

—Éstos también, por favor.

Son cinco: tres de psicología y dos sobre bellas artes. Le confirmo que suman once en total. Me pide que saque del muestrario tres marcapáginas y un estuche de lápices. Los examina y murmura:

—Qué trabajo tan fino…

Le propongo una cosa.

—Mandaré traer el libro que falta de aquí a una semana, si lo encuentro.

—Sí, por favor —responde ella sin vacilar.

—En ese caso, necesito su nombre y número de teléfono.

—Por supuesto. Me llamo Kako Sato y mi número es…

Apunto primero su nombre mientras la oigo deletrear en *kanji*: Sato, pueblo o comarca; Kako, niña guapa o excelente. 里佳子. «Desde luego —pienso—, su nombre concuerda perfectamente con su porte elegante». Vuelvo la mirada a los niños, que siguen jugando y dibujan con las cabezas muy juntas. Tengo una extraña sensación de *déjà vu*.

Los libros pesan, así que los meto en dos bolsas resistentes. Al pagar, la señora Sato me pregunta:

—Kitô… ¿Cómo se escribe en *kanji*?

La observo, confundida por esa pregunta inesperada. Kitô es el nombre de mi librería, escrito en *hiragana* en el rótulo.

—Es un nombre registrado, como un nombre propio. No hay más escritura que la *hiragana* —le respondo.

—¿Kitô es su apellido? —prosigue ella.

—No.

No le explico por qué he elegido ese nombre. Mi silencio parece incomodarla, pero hago caso omiso. Mientras coge las dos bolsas, me pregunta educadamente:

—¿Podría llamar a un taxi?

—Ningún problema, señora.

La mujer va a buscar a su hija a la mesa. Mientras llamo a un taxi, la veo hablar con Tarô, sordomudo, que la «escucha» leyendo sus labios. La niña se levanta y sigue a su madre, que vuelve a la caja.

La señora Sato me dice:

—Su hijo es adorable. Muchas gracias por haber dejado a mi hija que jugara con él.

Llega el taxi y salen las dos. El olor a perfume permanece.

Tarô se acerca con una hoja.

—Mamá, se llama Hanako.

—¿Cómo sabes su nombre?

Me enseña un dibujo hecho por la niña: una flor naranja y un cachorro blanco. El nombre Hanako está escrito en *hiragana* en la parte inferior de la hoja. El taxi ya no está. Mi hijo sube de nuevo al piso, llevándose el dibujo y su bolsa de animales de plástico. La tienda se queda otra vez tranquila.

Vuelvo a coger el trapo y el cubo que había dejado junto al mostrador. La acera está casi desierta y empiezo a limpiar los escaparates por fuera.

Sigue nevando. En un instante, elevo los ojos hacia el cielo gris. La misma escena me viene de nuevo a la mente: corro en la nieve estrechando a un bebé entre los brazos. Es un recién nacido y está envuelto en una manta *beige*. Su manita sostiene firmemente un tallo de *hôzuki* con dos frutos.

Son las siete y cierro la tienda. La nieve que ha caído esta tarde ya se ha fundido del todo.

A decir verdad, ha sido un día tranquilo: quince clientes como mucho. Sin embargo, se ha hecho buena caja gracias a la señora Sato, que ha comprado once libros caros, sobre todo los de filosofía. «¿Quién es su marido, que conoce mi tienda? ¿Un filósofo aficionado, o bien un profesor de Filosofía?», me pregunto.

Pienso en la pregunta de la señora Sato: «Kitô... ¿Cómo se escribe en *kanji*?».

Nadie me había preguntado sobre esto antes. Normalmente, la gente se imagina que la palabra *Kitô* es el apellido del dueño de la tienda, y que éste ha elegido la escritura *hiragana* para el rótulo. De hecho, los clientes y vecinos que no saben mi apellido me llaman señora Kitô, y yo no les corrijo.

Si mi apellido fuera Kitô, su escritura en *kanji* podría ser: 木藤, glicinia, o bien 鬼頭, cabeza de *oni*. Pero mi «Kitô» no tiene nada que ver con esos ideogramas. Nadie lleva ese apellido en mi casa, ni yo, ni mi madre, ni mi hijo. El mío, como el de mi hijo, es Tsuji. El de mi madre es Shimizu: lo recuperó tras divorciarse de mi padre, cuando yo era pequeña.

Si tuviese que escribir mi «Kitô» en *kanji*, sería 鬼灯, luz de *oni*, que significa *hôzuki*. De hecho, la pronunciación de estos *kanji* no viene en el diccionario. Sin embargo, hay gente que erróneamente los pronuncia «Kitô». Para el rótulo elegí el *hiragana*, きとう, porque esta escritura puramente fonética deja el sentido abierto. De todas formas, nadie se preocupa por estos detalles. Por eso la pregunta de la señora Sato me pilló desprevenida.

Cuando le dije a mi madre que iba a llamar a mi tienda *Kitô*, su primera reacción fue decir:

—¡Ah, *Kitô* de «oración»! ¡Es una elección excelente!

«¿Oración?». Ese comentario me descolocó, porque nunca había pensado en ese significado, cuyos ideogramas son 祈祷. En primer lugar, no soy religiosa. Pero mi madre, católica practicante, no dudaba de su interpretación, y no la desengañé.

—El rótulo irá escrito en *hiragana*.

—¡Sí, buena idea! —exclamó mi madre.

Su reacción me desconcertó.

—¿Por qué buena idea? —pregunté.

—No todo el mundo está familiarizado con los *kanji* de «oración». A los niños les costaría leerlos. Sin embargo, los *hiragana* son conocidos por todos. Tarô pronto podrá leer y escribir きとう.

Yo la escuchaba sin hacer comentarios. Al fin y al cabo, el malentendido no me molestaba. Al contrario, me sentía aliviada: no necesitaba explicarle por qué había elegido ese nombre que para mí significaba *hôzuki*.

Son ya las siete y veinte. Cojo el sobre que contiene las facturas y el dinero. Por fin ha terminado mi jornada laboral. Mi madre y mi hijo me esperan arriba para cenar. Al subir la escalera, pienso de nuevo en el cándido rostro de Hanako, la hija de la señora Sato. Tengo la impresión de haberla visto antes en algún lugar.

Anochece.

Mi hijo duerme. En la cocina, mi madre ve la televisión mientras confecciona un estuche de lápices con un bonito tejido. Sócrates, nuestro viejo gato, está tumbado junto al acuario, en el que nadan tranquilamente unos peces tropicales. Bosteza. Yo acabo de ducharme y tengo ganas de fumar. Cuando abro la puerta del balcón que da al patio trasero, Sócrates se dirige hacia ella lentamente. Mantengo la puerta abierta para que él también salga.

Con un cigarrillo en la mano, contemplo nuestro barrio, envuelto en la noche.

Enfrente, se apaga una luz, la del apartamento de la pareja de estudiantes que suele venir a la tienda. Él estudia pintura y ella, psicología infantil. La chica conoce la lengua de signos, e invita a menudo a mi hijo a su casa. Tarô se entretiene pintando junto al chico. Los llama *Onîchan* y *Onêchan*.

Sócrates vuelve a bostezar. Tiene ya quince años. Me viene a la mente el rostro de Shôji, mi antiguo amante. Fue él quien puso el nombre de Sócrates al gatito que encontré a la orilla del río.

Antes y después de Shôji, tuve una sarta de amantes. Era raro que estuviera sin un hombre. Pero ahora no estoy con nadie porque la tienda me tiene demasiado ocupada.

Mi último amante se llamaba Mitsuo K., un compañero de la escuela primaria T., al que volví a encontrarme tras más de veinte años de ausencia. Casado y padre de dos hijos, era redactor en una revista de información general. Nuestra historia duró apenas unos meses, pero me dejó un buen recuerdo.

Una pequeña columna de ceniza cae de mi cigarrillo. Cuento mentalmente el número de hombres con los que he salido e intento recordar el rostro de cada uno. S., K., H., T., M., Y... Al cabo de un momento, murmuro: «Da igual». Cada vez que echo la vista atrás, me doy cuenta de que Shôji sigue ocupando el puesto más importante.

Shôji hacía un posdoctorado en Filosofía.

Lo conocí en una librería de lance donde estaba empleada. Yo tenía veintitrés años. Él era cliente habitual. Siempre que iba, charlaba con mi jefe, un viejo sabio. Una vez, estando éste ausente, Shôji me hizo algunas preguntas sobre un libro de filosofía. Yo lo había leído y le di mi opinión. Impresionado, me propuso discutirlo y me invitó a un café. Después de aquello, salíamos juntos todos los fines de semana.

Me gustó alternar con un hombre tan entregado a sus ideas. Shôji me hablaba con pasión del sentido de la existencia y de la vida. Yo leía todo lo que él me pasaba y luego lo debatíamos. A él le sorprendía que yo ni siquiera hubiera terminado el instituto por apuros económicos, pero que nunca hubiera dejado de leer. Siempre tuve sed de conocimientos.

Estábamos entrando en una burbuja económica y la gente se gastaba muy fácilmente el dinero. Mi jefe ganaba mucho. Mi sueldo era mínimo, pero a cambio recibía una bonificación. El trabajo me gustaba, y soñaba incluso con tener mi propia librería de lance.

Shôji era pobre: las ayudas que recibía de su universidad eran modestas. Quería quedarse en la misma universidad, pero, por desgracia, las posibilidades de obtener un puesto allí eran muy escasas. A pesar de todo, estaba contento de poder dedicar todo su tiempo a la filosofía. Ninguno de los dos estaba casado, así que no había nada que entorpeciera nuestra relación.

Yo ignoraba de qué hablaba una pareja en el día a día, pero, en nuestro caso, las conversaciones se limitaban a cosas abstractas y metafísicas. Debatíamos durante horas, a menudo hasta la madrugada. Era feliz.

Sin embargo, nuestra relación acabó: Shôji me pidió que me casara con él y le dije que no. La idea de fundar una familia con él, o con cualquier otro, no me tentaba, sobre todo lo de criar hijos. Quería estar libre de obligaciones domésticas. Shôji se quedó muy decepcionado por mi mentalidad.

Lo que más le entristeció fue que abortara. Yo había calculado mal mis reglas. «¿Cómo? ¿Me he quedado embarazada? No es posible…». Este descubrimiento me había conmocionado. Ni siquiera le había hablado a Shôji de mi embarazo, cuando evidentemente él era el padre. Casi se echó a llorar: «Abortar es un acto grave. Lo que has hecho me aflige mucho».

Sócrates bosteza por tercera vez. «Shôji, ¿qué estarás haciendo ahora?», me pregunto. Si ha tenido suerte, será profesor en la universidad. Nunca me había hecho esta pregunta antes de la visita de la señora Sato, la que compró para su marido tantos libros de filosofía. «¿El señor Sato será filósofo?», vuelvo a preguntarme. Si es así, puede que Shôji y él se conozcan. El mundo universitario es muy pequeño, como repetía mi amante.

Sopla un viento frío. Sócrates maúlla delante de la puerta mientras termino mi cigarrillo. Al entrar con él, vuelvo a ver la mirada de Shôji, limpia y dulce, como la de un niño pequeño. Su expresión ingenua se superpone a la de mi hijo.

En la cocina, mi madre acaba de poner la televisión. Ya ha acabado el estuche de lápices. Le digo buenas noches y me encierro en mi habitación con un vaso de aguardiente. Sentada en el sillón, releo un libro que olvidé devolver a Shôji: *El budismo y la filosofía.*

Estamos a viernes. Han transcurrido tres días desde la visita de la señora Sato. Hoy, después de llamar a varios sitios, por fin le he encontrado el libro que faltaba, el escrito por S., un filósofo japonés.

Ha sido gracias a mi antiguo jefe, que aún lleva su librería. Por lo que me dijo, este libro está agotado y es una rareza muy codiciada por los especialistas. Por teléfono, me dijo con tono alegre: «Tengo dos ejemplares. Los compartiré contigo. Te haré un buen precio, así que aprovéchalo». Me fui para allá enseguida.

Son casi las tres y media de la tarde. Hace frío. Desde que volvió de la escuela, Tarô juega en la mesa, detrás de la escalera. Espera a su abuela, que ha salido a hacer la compra. Van a preparar *okonomiyaki*. Esta tarde, Tarô se queda con mi madre porque yo tengo que trabajar en otro sitio hasta medianoche, como todos los viernes.

Marco el número de la señora Sato.

—Residencia de los Sato. ¿Dígame?

Es la voz de una niña pequeña, probablemente Hanako. Su forma de pronunciar las palabras resulta precoz para su edad. Le digo que me gustaría hablar con la señora Sato.

—Sí, está aquí. ¿De parte de quién?

Hanako me responde correcta y educadamente. Sus padres deben de estar muy orgullosos de que su hija hable así por teléfono, pero me molesta que se les permita cogerlo a los niños pequeños. Le respondo maquinalmente:

—Llamo de la librería Kitô.

—Un momento, por favor.

Hanako llama rápidamente a su madre. Oigo su voz excitada: «¡Mamá! ¡Es la señora Kitô, la madre de Tarô!». Su reacción me sorprende, y pienso: «¿Por qué está tan excitada? Además, ¿cómo sabe el nombre de mi hijo?». El otro día, cuando estuvo en la tienda, no usé palabras para comunicarme con Tarô. Mi hijo debió de escribirle su nombre en una hoja, como ella hizo en su dibujo de un cachorro y una flor.

—Buenos días, señora Kitô —dice la señora Sato.

La madre también me llama por el nombre de la tienda, aunque el otro día le aclaré que *Kitô* no era mi apellido. Le anuncio que ha llegado el libro de filosofía en cuestión.

—¡Ya lo ha encontrado! ¡Qué suerte! ¡Mi marido se pondrá muy contento!

Otra vez «mi marido». No entiendo por qué lo repite sin parar, a mí, que soy una desconocida. Le informo del precio, que es muy elevado.

—No hay ningún problema. Es el precio que mi marido esperaba pagar.

—Entonces, puede recogerlo en cualquier momento entre las nueve de la mañana y las siete de la tarde, todos los días excepto el lunes.

—Señora Kitô, me gustaría invitarla a nuestra casa —me interrumpe—. Es decir, a usted y a su hijo. ¿Qué le parece?

—No reparto a domicilio, pero podría mandárselo por correo —respondo, incómoda por esta repentina invitación.

—Oh, no, señora Kitô. No vale la pena que se moleste. No vivo lejos de su librería. Lo que quería decirle... —replica rápidamente.

Se queda un momento en silencio. Yo sigo callada.

—A mi hija Hanako le cae muy bien su hijo —dice titubeante—. No sé cómo los niños se han podido comunicar sin palabras y en tan poco tiempo. Hanako me ha dicho que su hijo se llama Tarô, que le encantan los *takoyaki* que hace su abuela y que se comió diez el otro día.

La escucho estupefacta. Me viene la imagen de Tarô y Hanako jugando en buena armonía, como si fueran viejos amigos. Mi hijo tiene amigos en su escuela para discapacitados, pero eso es todo. No juega mucho con los hijos de nuestros vecinos para evitar las burlas sobre sus diferencias: mestizo y sordomudo. Cuando quiere ir al parque del barrio, le acompañamos mi madre y yo.

La señora Sato sigue hablando de nuestros hijos:

—Hanako guarda un dibujo de su hijo como si fuera un tesoro. Hizo un retrato muy vivo de un pez tropical. Creo que tiene mucho talento. ¿Va a clases de pintura?

Me siento incómoda. No tengo por costumbre hablar de mi familia, sobre todo con los clientes, ni siquiera con la pareja de estudiantes que invitan a Tarô a su apartamento.

—Señora, podría recibir el libro por correo sin coste adicional —repito, cortándola.

Un silencio momentáneo. No le veo la cara, pero puedo sentir su apuro.

—Perdone mi indiscreción. En realidad…

—¿Sí?

—Mi marido es diplomático y acaban de destinarlo a Fráncfort.

«¿Diplomático? ¡Entonces su marido no es filósofo!». Me tranquilizo pensando en mi antiguo amante Shôji.

—Mi hija y yo nos reuniremos con él dentro de dos meses, a principios de febrero. Viviremos allí por lo menos tres años. Simplemente me gustaría invitarla a nuestra casa antes de marcharnos. En cualquier caso, iré a la librería a recoger el libro dentro de una semana —añade.

Cuelgo por fin. Sin que yo lo notase, Tarô ha venido y se ha puesto delante del mostrador.

—¿Con quién hablabas? —pregunta.

—Con un cliente.

—¿La madre de Hanako? —adivina.

Indecisa, asiento con la cabeza. Sus ojos brillan.

Está oscuro. Entro en un hotel. Es un hotel barato para ejecutivos. Ya son las siete pasadas. Me doy una ducha rápida porque debo coger un taxi dentro de poco.

Hoy he trabajado en la librería todo el día hasta las cinco y media. Apurada, no me dio tiempo a cenar con mi hijo y tomé solamente unos bocados de un *okonomiyaki* que Tarô había preparado con mi madre esta tarde. Salí de casa rápidamente para venir aquí. Tengo el coche estacionado en un aparcamiento cerca del hotel.

Refrescada, me cambio de ropa: un vestido azul oscuro, ceñido y escotado. Luego me pongo delante del espejo y me maquillo: colorete en la cara, pestañas postizas largas y negras, sombra azul en los párpados y carmín rojo en los labios. Por último, me cambio de peinado: pelo largo que cae sobre la espalda y flequillo que me cubre la frente hasta las cejas. Ya estoy transformada en chica de alterne.

Como todos los viernes por la noche, trabajo en el bar X desde las ocho hasta las doce. Después, vuelvo al hotel para pasar la noche. Mañana por la mañana, iré a varios sitios en coche para comprar libros de ocasión y estaré de vuelta en casa antes del mediodía.

X es un bar de primera categoría. Gano más de cien mil yenes por noche, más de cuatrocientos mil yenes al mes. Estos ingresos son muy importantes para pagar el préstamo hipotecario y el colegio de mi hijo. Trabajo como chica de alterne desde hace más de cuatro años.

Este bar es conocido por su clientela selecta, compuesta de escritores, historiadores, científicos y artistas. Aquí aprovecho para hablar con clientes interesantes porque necesito estímulos intelectuales. También hay hombres de negocios muy famosos, algunos de los cuales hacen gala de su riqueza y su poder. A éstos los evito en la medida de lo posible.

Al principio, había un cliente habitual que incordiaba en el bar: Gorô, un compañero de clase en la escuela primaria T., como Mitsuo K., mi último amante. Estábamos los tres en la misma clase de sexto. Los alumnos le llamaban Gorô el Importante. Ha llegado a presidente de un *sakaya* muy famoso. Rico pero insignificante, no es más que un heredero perezoso y arrogante. Yo ignoraba completamente su presencia. Proveedor de alcohol para el bar, era bastante amigo del jefe, que le había revelado mi identidad. Por suerte, dejó de venir poco antes de abrir yo la librería.

En el bar nadie sabe que también soy librera, aparte de K., uno de mis clientes. Es comentarista de historia y me da buenos consejos sobre mis libros. Fue él quien me presentó al jefe del bar, que también es pintor. Éste eligió mi alias, *Azami*, mientras me decía: «Eres guapa pero difícil de abordar». No se lo negué.

Mi hijo no sabe que trabajo en el bar. Cree que salgo los viernes por la noche en «viaje de negocios», lo cual no está tan lejos de la verdad, porque siempre vuelvo con cajas llenas de libros.

Mi vida no es corriente. Fui prostituta cuando Tarô y yo vivíamos en Kanazawa. Mi hijo todavía era un bebé y yo estaba en una situación desesperada. No quería pedir ayuda económica a quien fuera, ni donde fuera. Mi madre no estaba enterada de mis problemas, ni siquiera sabía que tenía un hijo. Mi trabajo de prostituta duró dos años, hasta que volví a Nagoya, donde seguimos viviendo.

Mi último cliente fue el señor K., casado pero sin hijos. Me acosté con él sólo una vez, y desde entonces quedamos como buenos amigos. Él lleva al bar a conocidos suyos, personas interesantes que acaban convirtiéndose en mis clientes habituales.

Me pongo los pendientes mirándome en el espejo.

Me vienen a la mente las palabras de la señora Sato: «Mi marido es diplomático y acaban de destinarlo a Fráncfort». Pienso: «Así que esa mujer en kimono de lujo es esposa de un diplomático. ¿Cómo reaccionaría si supiera que también soy chica de alterne en un bar y que he sido prostituta?».

Son las ocho menos veinte. Me pongo el sombrero de campana y el abrigo negros que nunca llevo en mi casa y llamo a un taxi.

Es domingo. Como de costumbre, trabajo en la librería desde la nueve hasta el mediodía. Mi madre se ha ido a la iglesia y volverá después de comer en el restaurante. Mi hijo se queda en el piso. Hace buen tiempo. Esta tarde lo llevo al zoo Higashiyama, y mi madre se ocupará de la librería hasta el cierre.

Han transcurrido nueve días desde que avisé a la señora Sato de que había llegado su libro. Me dijo que pasaría a recogerlo en el transcurso de la semana, pero no ha vuelto. Probablemente está ofendida por cómo le hablé, y quizá renuncie a comprarlo. Si es así, podría vendérselo a otro, o quedármelo yo.

Ya he leído entero este libro, famoso y de precio elevado en virtud de su rareza. Mientras espero a que la señora Sato venga a recogerlo, se lo he prestado incluso a la pareja de estudiantes, que se interesa por este tipo de temas. Están muy contentos de haberlo leído. De hecho, es un libro que el propio Shôji había buscado sin éxito. En aquella época, mi antiguo jefe no lo tenía y yo había intentado encontrarlo en otra parte. En él, su autor analiza los vínculos entre religión y filosofía, como el libro que me había dejado Shôji y que olvidé devolverle.

Ha pasado una hora desde el mediodía. Tarô baja las escaleras, completamente vestido.

—¿Todavía no ha vuelto la abuela?

—No, pero no tardará mucho. Saldremos para el zoo en cuanto llegue.

Se sienta en un taburete, detrás del mostrador. De pronto, me pregunta:

—Mamá, ¿qué es la confesión?

Me quedo asombrada.

—¿La confesión?

Asiente con la cabeza.

—La abuela te ha enseñado esa palabra, ¿verdad? —le pregunto.

—No. La he visto en un folleto que dejó abierto en la mesa de la cocina. Lo miré porque tenía dibujos bonitos.

—¿Cómo pudiste leer esa palabra? No has aprendido sus *kanji*.

—Hay unos *furigana*.

Mi madre va a una iglesia católica desde hace años. Yo no soy cristiana ni budista, y no animo a mi hijo a que acompañe a su abuela. No obstante, tengo nociones generales sobre las grandes religiones del mundo. Le explico a Tarô el significado de la palabra *confesión*.

—Si admito ante el cura el mal que hice, ¿de verdad Dios va a perdonarme? —pregunta, confundido.

—No lo sé, pero es lo que creen los católicos. A condición de que no repitas tu falta.

—¿El cura no le cuenta a nadie lo que ha oído?

—No. Su función es guardar el secreto.

—Incluso si le robo dinero a alguien, ¿no me llevará a la policía?

—No. El cura tratará de convencerte de que vayas tú mismo a la policía.

—Si me niego a ir, ¿llamará a la policía?

—No. Aun así, debe guardar el secreto.

—¿Y si la policía le pide que diga la verdad?

—Intentará convencerte, pero no te traicionará.

—¡Qué valiente! —exclama Tarô, impresionado.

—Sí, mucho, pero tú tampoco debes traicionarlo.

—¿Qué quieres decir?

—Que tú te arrepientes de lo que has hecho y no lo repites.

—Si todo funciona así —dice—, no hace falta policía ni cárcel.

Me río. Excitado, Tarô quiere saber más y agita las manos como loco. Es la hora de la comida y la librería está tranquila. Hago compañía a Tarô, atenta a su *cháchara*.

—Mamá, he visto la palabra *Kitô* en el mismo folleto de la abuela. Era un titular. Sus *kanji* eran muy complicados.

—¿Cómo has comprendido esos *kanji*?

—Porque también había *furigana* y un dibujo.

—¿Qué dibujo?

—Un chico y una chica rezando juntos. Entonces, el nombre de nuestra librería significa «oración», ¿no?

Tarô me sonríe, muy orgulloso de su descubrimiento. Hace la misma interpretación que su abuela. No reacciono ante ese malentendido. Para mí, no se trata de «oración» sino de *hôzuki*.

—Cuando compraste la tienda, ¿ya se llamaba Kitô?

—No, cielo. Antes era una quincallería llamada Amano.

—¿En serio? Kitô me gusta mucho más que Amano. La abuela debía de estar contenta por tu elección.

—Pues sí.

Pronto empieza a llegar gente. Primero, la pareja de estudiantes. Luego, una mujer mayor y dos hombres que no conocía, clientes nuevos, sin duda. Por último, viene mi madre. Tarô se pone rápidamente el abrigo para ir al zoo. Le digo a mi madre que ya no quedan muchos estuches de lápices ni señaladores. En ese momento la señora Sato entra en la librería con su hija. En cuanto mi hijo ve a Hanako, se lanza hacia ella espontáneamente.

Tarô y yo hemos pasado toda la tarde en el zoo Higashiyama. Hemos vuelto a casa hacia las siete, cuando mi madre estaba cerrando la librería.

Cansados por nuestro largo día, comemos el *sushi* que compré de camino a casa. Mi hijo le cuenta a su abuela los animales que ha visto en el zoo. Mi madre entiende bastante bien la lengua de signos: tomó cursos cuando Tarô tenía tres años. Mientras charlan, pienso en la señora Sato y en su hija, que han venido a la librería esta tarde.

La señora Sato no se ha marchado enseguida con el libro que había encargado, y quería añadir otros. Tarô me ha suplicado que retrasáramos nuestra visita al zoo: quería jugar con Hanako mientras la señora Sato buscaba libros, lo cual me sorprendió porque, unos minutos antes, estaba impaciente por salir.

Mi hijo y Hanako se acomodaron rápidamente en la mesa, detrás de la escalera, y se entretuvieron dibujando en silencio, como el otro día. La señora Sato, por su parte, examinaba atentamente unos libros en la sección de Bellas Artes. Se tomó su tiempo antes de pasar a la de Literatura Japonesa. Yo echaba un vistazo de vez en cuando a los niños.

Al cabo de veinte minutos, la señora Sato vino finalmente a la caja con libros de arte moderno japonés, de tankas y de haikus. Cogió también todos los estuches de lápices y los marcapáginas que quedaban en el muestrario.

—¡Las flores secas y el dibujo de la tela son magníficos! Estas obras hechas a mano les gustarán también a los alemanes. ¿Las ha hecho usted?

—No, ha sido mi madre.

—Pues su madre es una verdadera artista.

—Se lo diré.

Al pagar, me sonrió.

—Mi hija habla sin parar de su hijo. Veo que se entienden muy bien.

Permanecí callada. Esta vez, la señora Sato no llevaba un kimono, sino un vestido y un pantalón en un elegante color crema, siempre de gran calidad. Aparentemente incómoda por mi silencio, dejó una tarjeta de visita en el mostrador.

—Le dejo mi dirección por si su hijo quisiera jugar con mi hija. Los domingos solemos estar libres.

—Es muy amable por su parte —respondí sin pensar.

Se quedó un momento callada y luego me repitió que ella y su hija se marchaban a Fráncfort, donde habían destinado a su marido, y que toda la familia se quedaría allí tres años como mínimo, etc. Lo que había cambiado respecto al otro día era la fecha de su marcha, que se había adelantado en dos semanas, es decir, el tercer domingo de enero, día 20.

A continuación, la señora Sato fue a buscar a su hija a la mesa. Le dijo algo a Tarô, que la miraba muy serio. Al volver a la caja, Hanako le enseñó a su madre un dibujo que había hecho mi hijo: una chica y un chico rezando uno al lado del otro, con las manos juntas. En la parte superior del papel estaba escrita la palabra *Kitô* en *hiragana*.

—Así que el nombre de la librería significa «oración» —murmuró la señora Sato.

Después de mi madre y mi hijo, ahora era ella quien interpretaba así el nombre de la tienda. No la corregí.

Tarô me da un toquecito en la mano.

—¡Mamá!

Vuelvo en mí.

—¿Sí?

Ha terminado su plato de *sushi*. Mi madre hace unas tazas de té y anuncia que de postre vamos a tomar los *kasutera* que ha preparado.

—¿Puedo ir a la iglesia con la abuela? —me pregunta Tarô.

—¿Cómo?

Me vuelvo hacia mi madre.

—¿Le has animado a Tarô a ir contigo?

—¿Ir conmigo adónde? —contesta, dejando las tazas de té y el pastel encima de la mesa.

—A la iglesia.

—No, no he sido yo.

No ha visto el signo de mi hijo. Le explico que Tarô me pide autorización para acompañarla a la iglesia. Mi madre reflexiona y añade:

—A mí no me molesta, pero Tarô se va a aburrir. Allí no hay intérprete en lengua de signos.

Tarô observa el rostro de su abuela y la interrumpe:

—¿Puedes explicarme tú lo que dice el cura?

—No, cielo. Todavía no soy capaz de traducirte palabras tan complicadas.

Tarô me mira, decepcionado. Recordando la invitación de la señora Sato, le propongo:

—Podrás jugar con Hanako el domingo que viene. Su madre nos invita a su casa.

Se le ilumina la cara inmediatamente.

—¿Cómo te llamas?

—Me llamo Tarô Tsuji.

—¿En qué curso estás?

—Estoy en primero.

—¿Cuándo es tu cumpleaños?

—El 15 de enero.

—¿Cómo se llama tu padre? ¿Y a qué se dedica?

—Felipe Santos. No lo conocí porque murió antes de nacer yo. Era español y pintor.

—¿Cómo se llama tu madre? ¿A qué se dedica?

—Mitsuko Tsuji. Tiene una librería de lance.

—¿Cuál es tu pasatiempo favorito?

—Dibujar y jugar con animales de plástico.

—Entonces, te gustan mucho los animales.

—Sí, mucho. Voy a menudo al zoo con mi madre.

—¿Tenéis animales en casa?

—Sí, tenemos un gato y peces tropicales. Me gustaría tener también un perro, pero mi madre dice que ahora no.

—¿Cómo se llama tu gato?

—Se llama Sócrates. Mi madre me dijo que es el nombre de un filósofo griego.

—¿Filósofo? Ésa es una palabra difícil para tu edad. ¿Sabes lo que significa?

—Es una persona que ama la sabiduría, según mi madre.

—¿Cuántos años tiene tu gato?

—Tiene quince años.

—¿Qué quieres ser de mayor?

—Pintor, como mi padre.

—¿A quién quieres?

—A mi madre y a mi abuela. A mi madre le gusta la lectura y sabe muchas cosas, sobre todo de animales. Mi abuela hace a mano estuches de lápices y marcadores con flores secas. Me encanta cómo cocina. Los *takoyaki* que me prepara son los mejores del mundo.

Son preguntas y respuestas corrientes entre mi hijo y los maestros o compañeros de su escuela. Tarô siempre responde así de seguro y natural. No hay ambigüedad en sus frases expresadas en signos. No me incordia con preguntas sobre su padre. Le he explicado claramente que conocí a Felipe en Madrid, donde nos prometimos, y que volví sola a Japón. Mientras esperaba la llegada de mi prometido, descubrí que estaba embarazada. Felipe se puso muy contento con la noticia. Por desgracia, murió en un accidente de coche poco antes de reunirse conmigo. Era huérfano. Ésta es la historia sobre su padre que le he contado a Tarô.

Sócrates pasea por la orilla del río. Cuando lo llamo, se detiene, vuelve la cabeza hacia mí y sigue caminando trabajosamente. Las hierbas muertas tiemblan ligeramente al viento. Hace frío. Llevo puesto un anorak y un grueso pantalón negro. Tumbada sobre mi vieja manta, miro las nubes que vagan lentamente hacia el este.

En un instante, veo de nuevo la imagen de Shôji, mi antiguo amante. Me acuerdo mucho de él desde la visita de la señora Sato, la que compró tantos libros de filosofía. Nos oigo hablar.

—Mitsuko, ¿por qué no consideras la posibilidad de tener al niño? El aborto es algo grave.

—Es mi vida. Esto no te concierne.

—Quiero vivir contigo. De ser posible, me gustaría tener dos o tres hijos. Si no tengo la suerte de conseguir un puesto en la universidad, buscaré trabajo en otra parte. Podría enseñar en un instituto, por ejemplo.

—No quiero formar una familia, ni tener hijos. Además, no quiero que renuncies a tus estudios por motivos económicos. Si quieres seguir las convenciones, debes dejarme ahora mismo.

—Mitsuko, por favor, no cometas ese crimen.

En realidad, después de mi aborto tuve un tumor en un ovario. El médico me aconsejó que me operara. Entonces decidí hacerme extirpar los ovarios. Así, la posibilidad de quedarme embarazada desapareció para siempre. No se lo dije a nadie, ni siquiera a mi madre. De todas formas, era asunto mío y de nadie más.

Naturalmente, Tarô no es mi hijo biológico. Es un niño abandonado. Todas las historias sobre su nacimiento no son más que mentiras. Un español llamado Felipe Santos, huérfano, nuestro encuentro en Madrid, su muerte en un accidente de coche, la fecha de nacimiento de Tarô, todo fue inventado.

Tarô cree, como mi madre, todo lo que le conté sobre su nacimiento. Da igual. Lo importante es que tiene en nosotras dos a su madre y a su abuela.

Sócrates maúlla detrás de mí.

—Ah, ¿ya has vuelto?

Sentado sobre la manta, contempla el río, el cielo, los árboles, los pájaros que vuelan en lo alto. Le acaricio el lomo.

—¿En qué piensas?

Cuando lo encontré en la orilla del río, hace quince años, estaba escuálido, con el pelo todo seco y sucio. Debía de tener dos o tres meses. Shôji me dijo: «Este gato es sabio e inteligente como un filósofo».

Sócrates se queda quieto, con el rostro vuelto hacia la corriente.

—¿En qué piensas? —repito.

Dirige su mirada hacia mí.

Recuerdo la frase que Shôji me soltó una vez: «El pensamiento es una prerrogativa del ser humano». No sé de quién había sacado ese tópico, en el que yo sólo veía arrogancia. Le dije: «Los animales también hablan, observan, reflexionan, recuerdan, tienen miedo, se pelean, se esconden... No viven sólo por instinto, y puede que tengan un pensamiento más sabio que el de los hombres». Shôji replicó, riendo: «¿Por qué no?».

Sócrates bosteza y se frota la cabeza contra mi mano.

—¿Tú crees que el pensamiento es una prerrogativa de los gatos? —le pregunto.

El cielo se va cubriendo poco a poco de nubarrones. Tengo frío. Me levanto y recojo la manta. En ese momento, oigo a Shôji: «El aborto es una de las prerrogativas del ser humano».

Mi amante de antaño se sorprendería mucho si supiera que ahora tengo un hijo.

Tarô está de buen humor desde por la mañana: esta tarde va a ver a Hanako en su casa. Espera con impaciencia el regreso de mi madre, que ha ido a la iglesia. La casa de la señora Sato está a menos de diez kilómetros de aquí. Cogemos el coche.

Ayer, mi madre me interrogó.

—No sabía que tenías una amiga.

Estaba intrigada por mi idea de llevar a Tarô a casa de la señora Sato.

—No, mamá. No es más que una clienta. He aceptado su invitación solamente por Tarô.

—De todas formas, no te pega. Esa mujer debe de parecerte muy interesante. ¿A qué se dedica?

—Es la esposa de un diplomático.

—¿Ah, sí?

Mi madre se calló y no quiso indagar más.

La señora Sato viene sin duda de una familia rica y tradicional. Por su forma de hablar, se nota que es instruida y bien educada. Sea quien fuere, no tengo pensado entablar amistad con ella. En primer lugar, es una mujer muy ingenua y frágil, como una chica sobreprotegida, lo cual me enerva. Ni siquiera por los niños, que se entienden bien, será posible seguir viéndola.

De todas formas, esta familia se irá en menos de un mes al extranjero. Tarô no verá más a Hanako, y su madre no volverá a mi librería.

Llegamos a casa de la señora Sato sobre las dos de la tarde.

—¡Ah, la señora Kitô y Tarô!

Hanako nos recibe delante de la puerta. Hace una señal a una mujer que barre el jardín. Ésta, entrada en años como mi madre, me saluda inclinando la cabeza y entra en la casa. La parcela es grande y está rodeada de setos vivos. Hay pinos cuyas ramas se han podado de forma artística. Una antigua casa tradicional. Enseguida aparece la señora Sato y nos presenta en primer lugar a la mujer, que es su asistenta.

Luego nos invita a pasar al salón, en el que hay un piano. Enfrente, una habitación con la puerta abierta. Diviso muchos libros. Debe de ser el despacho del señor Sato, que ya está en Alemania. La asistenta trae pasteles, té y zumo. Tarô y Hanako se entretienen con uno de los juegos desplegados sobre una mesita baja. También hay papel y lápices de colores. La señora Sato vuelve la vista hacia los niños con una sonrisa. En su mirada sigo percibiendo una tristeza, o incluso un dolor. Sin saber qué decir, miro el piano negro de excelente factura. Es ella quien empieza la conversación:

—Hanako toca el piano. Cuando fuimos a su tienda por primera vez, veníamos de un concierto a cargo de su profesora.

Recuerdo sus ropas elegantes. Entraron en la librería cuando yo iba a salir a limpiar los escaparates.

—¿Cuántos años tiene su hija? —le pregunto a la señora Sato.

—Cuatro. Nació en Madrid, en España, y vivió allí hasta los tres años y medio. Aquí va a la escuela infantil, pero todavía no está acostumbrada a jugar con japoneses.

—¿Hanako nació en Madrid?

La señora Sato sigue hablando de su hija.

—¿Entiende el español? —la interrumpo.

—Sí. En España fue al jardín de infancia. Además, teníamos una asistenta española.

Llamo a Hanako en español y ella vuelve la cabeza hacia mí.

—Tarô no puede hablar, pero sabe leer algunas palabras de español.

Hanako me responde en el mismo idioma con un bonito acento:

—¿De veras?

Asiento con la cabeza. La señora Sato se queda boquiabierta.

—¡Usted habla español!

Hanako prosigue:

—¿El padre de Tarô es español?

—Sí. Tarô es mitad japonés y mitad español.

La señora Sato nos observa, con ojos que expresan estupefacción. Hanako vuelve a preguntarme, siempre en español:

—¿Dónde está su papá? ¿En el extranjero, como el mío?

—No, murió antes de nacer Tarô.

Se le ensombrece el rostro y murmura:

—Oh, pobre Tarô...

La señora Sato mira a mi hijo fijamente y en silencio. Sus ojos se humedecen.

—Mamá, me gustaría aprender la lengua de Tarô —dice Hanako en un japonés claro.

La señora Sato no sabe qué responder.

—Es la lengua de signos. Háblale con naturalidad, como haces con tu madre. Él te comprende leyéndote los labios. Pídele que traduzca en signos lo que dices.

Hanako me escucha atentamente y pasa a la práctica. Mi hijo reacciona muy bien. Ella imita los movimientos de sus manos. Su madre los observa, impresionada. Luego Tarô escribe algo en una hoja. Hanako va leyendo: «Mi... gato... se llama... Sócrates». Él continúa y ella sigue las letras: «Me... llamo...».

—¿A su edad, su hija ya era capaz de leer el *hiragana*?

—Sí, leerlo solamente.

Añade que procura enseñarle a su hija todo el japonés que puede en casa. En Fráncfort irá a la escuela japonesa, pero ésta sólo abre los sábados.

—¡Mamá, se apellida Tsuji, no Kitô! —exclama Hanako.

—Kitô es el nombre de la librería de su mamá —dice la señora Sato, sonriendo, y, volviéndose hacia mí, añade—: ¿Puedo preguntarle cómo se apellida?

—Por supuesto, señora. Me llamo Mitsuko Tsuji —respondo sin pensar.

En la cena, Tarô le cuenta las andanzas de esta tarde a su abuela. La visita a casa de la señora Sato le ha alegrado más de lo que yo hubiera imaginado. Va a ver de nuevo a Hanako dentro de dos semanas, es decir, el primer domingo de enero. Mi madre está contenta: «¡Qué bien, Tarô! Jugar con tu amiga es mejor que acompañarme a la iglesia».

Después de acostarse Tarô, mi madre y yo charlamos mientras tomamos un té.

—¿Cómo es que la señora Sato conocía tu librería? —me pregunta.

—Su marido diplomático la mandó aquí.

—¿Su marido? ¿Había venido alguna vez?

—No.

Le cuento lo que sé.

El señor Sato buscaba por todas partes un libro de S., un filósofo japonés. Un día, poco antes de incorporarse a su puesto en Alemania, se encontró con un amigo de juventud. Éste le dio una revista que hablaba con entusiasmo de mi librería: «¡Una colección única y excelente de obras de filosofía, arte y lingüística!».

—¿Has visto esa revista? —me pregunta mi madre.

—Sí. La señora Sato me la enseñó en su casa.

—¿Cómo se llama?

—*Azami.*

—*¿Azami?* No he oído hablar de ella.

—Es una pequeña revista de información general, editada en M., una ciudad al este de Nagoya.

—¡Ah, conozco esa ciudad! Allí hay muchos campos de *azami.* Me gusta mucho esa flor salvaje.

Me quedo callada.

—Al dueño de la revista también debe encantarle esa flor. Siempre hay una razón detrás del nombre de un bebé o de algo —prosigue mi madre.

—En cualquier caso —le digo—, el dueño se llama Mitsuo K. y fue mi último amante.

—¡No sabía que habías tenido un amante editor! —exclama estupefacta.

—Lo nuestro sólo duró un verano.

—¿Cuándo fue?

—Poco antes de abrir la tienda.

—¿Le pediste que escribiera un artículo sobre la librería?

—No, mamá. No le he vuelto a ver desde que lo dejamos.

—¿Quién ha escrito el artículo?

—Un periodista al que no conocía. Debió de ir a la tienda sin presentarse.

—¡Qué pequeño es el mundo!

Le cuento que, en Nagoya, Mitsuo K. trabajaba como redactor en una revista. Estaba casado y tenía dos hijos. Unos meses después de nuestra aventura amorosa, se mudó a M. para fundar allí su propia revista.

—¿Cómo lo conociste? —pregunta mi madre, todavía curiosa.

—Éramos compañeros de clase en la escuela primaria. Ya sabes, ésa a la que fui un solo año.

Se queda un momento callada. Fue durante el año en que ella estaba en la cárcel y yo vivía en casa de mi padre, en T.

—Me lo encontré, más de veinte años después, en el café donde yo trabajaba. Era el único compañero con quien congenié en esa escuela —añado.

—El mundo es realmente pequeño. Entonces, esa revista ha hecho que Hanako conociese a Tarô. Es una pena que esa niña se marche pronto al extranjero.

Anochece. Fumo en el balcón. Tumbado a mi lado, Sócrates se adormece.

Pienso en mi hijo, cuyas vacaciones de invierno están cada vez más cerca. Su escuela estará cerrada dos semanas, hasta el 6 de enero, es decir, el domingo en que verá a Hanako. La señora Sato me dijo que se iba con su hija a Kioto a ver a sus padres. Yo podría llevar a Tarô al acuario.

Pienso en mi padre, al que Tarô no ha visto nunca. Casado de nuevo con otra mujer, sigue viviendo en T. La ciudad está cerca de Nagoya, pero ni me planteo ir allí. Mi padre se avergüenza de todos nosotros: de mi madre, de mi hijo y de mí. No le veo desde hace años.

Sócrates bosteza mientras se estira.

—Mañana daremos un paseo por el río si hace bueno, ¿de acuerdo?

Conforme va envejeciendo, le empieza a costar subir las escaleras y duerme cada vez más. Me pregunto si vivirá hasta el final del invierno.

Pienso de nuevo en lo que me dijo Tarô: «Me haría muy feliz que Hanako fuese mi hermana». Según mi madre, es la providencia la que ha hecho que se encuentren estos dos niños. Yo no creo en la existencia de un Dios, pero reconozco que una cadena une a la gente que he conocido accidentalmente.

Veo otra vez el rostro de Shôji, doctor en Filosofía, y escucho su voz: «El aborto es una prerrogativa del ser humano». Elevo la vista al cielo. Dibujo en mi mente una cadena, cada uno de cuyos eslabones lleva un nombre: Shôji – yo – mi último amante Mitsuo – el periodista de su revista *Azami* – el hombre que le dio la revista al diplomático – la mujer del diplomático que vino a la librería – su hija Hanako – Tarô. Todos están relacionados, directa o indirectamente. Si no hubiese conocido a Shôji, probablemente no habría tenido a Tarô, aunque Shôji no sea su padre.

Acabo mi cigarrillo. Sócrates maúlla delante de la puerta. Mientras la abro, murmuro: «Tú también eres un eslabón en esta cadena». Sócrates me mira fijamente, como si replicara: «No, yo estoy solo».

Primer domingo de enero. Hace buen tiempo. Hoy, como estaba previsto, Tarô va a ver a Hanako, que se marchará dentro de dos semanas a Alemania. Vamos a un parque en el barrio donde vive la familia Sato.

Sentadas en un banco, la señora Sato y yo vigilamos a los niños mientras ellos se entretienen. Mi hijo ayuda a Hanako a sentarse en un columpio. Se comporta como un hermano mayor. Impulsada, la niña se balancea y sube por el aire, cada vez más alto. «¡Más fuerte! ¡Más fuerte!», grita, olvidando que su amigo está sordo.

La señora Sato y yo permanecemos calladas. No sé qué decir. No hay nada entre nosotras. Si no fuese por mi hijo, no volvería a ver a esta persona cuyo carácter y mundo son tan diferentes de los míos.

Ayer por la noche, mi madre me preguntó: «¿La señora Sato quiere ser tu amiga?». «Tal vez, pero yo no podría. No es mi tipo: percibo en ella una fragilidad típicamente femenina que me irrita», le respondí. «De todas formas, no te gustan las mujeres», me dijo mi madre, riendo.

La señora Sato empieza a hablar:

—Me casé por *miaï*.

Echo un vistazo a su rostro: «¿Por *miai*? ¿Por qué no?», pienso. Un diplomático no se casa con alguien porque se ha enamorado. Su mujer debe cumplir con ciertos criterios.

—Era mi primer matrimonio, pero el segundo de mi marido. Él era viudo, y me saca trece años.

Su tono no es ligero y sigo notando que tiene una preocupación, un dolor: «¿Querrá contarme un secreto?».

—Su primera mujer se suicidó en el psiquiátrico.

Confusa, reflexiono un instante: «Una mujer joven, guapa, culta y bien educada, y además tan convencional. ¿Cómo pudo aceptar un *miaï* semejante, con esos antecedentes? Debió de enamorarse de él». La señora Sato quiere continuar, pero la corto:

—Lo siento, no me gusta escuchar la historia familiar o el pasado de los demás.

Se calla y veo que su rostro enrojece.

—Perdone mi impudor —se disculpa.

Desvío la mirada.

—Cada uno tiene una vida única y problemas que pueden ser increíbles. Como se suele decir: «La realidad a menudo supera a la ficción». Pero, después de todo, la vida del prójimo no es asunto de nadie.

—Tiene razón… —murmura, bajando la cabeza.

Cambio de tema:

—El otro día compró libros de psicología bastante científicos. ¿Es usted psicóloga?

Niega rápidamente:

—¡Oh, no, qué va! Leo libros sólo por curiosidad. En la universidad estudié Literatura Japonesa.

—¿Ah, sí?

Recuerdo que también compró libros de tankas y de haikus cuando vino a la librería a recoger el libro de S.

—Y usted, ¿qué estudió? —me pregunta.

—No fui a la universidad. Ni siquiera terminé el instituto —le respondo con franqueza.

Abre los ojos de par en par.

—No es verdad... Mi marido me repetía: «El dueño de la librería Kitô debe de tener madera de sabio».

Me río sin querer.

—Me gusta leer, eso es todo. Los libros que encargó su marido son muy interesantes, sobre todo el del filósofo japonés S.

—¿Usted ha leído todos esos libros?

Asiento con la cabeza, y ella se muestra todavía más sorprendida.

—¿Lee usted mucha literatura japonesa?

—Ya no. Ahora estoy muy ocupada aprendiendo alemán. Voy a una escuela de idiomas todas las mañanas.

—Debe de ser difícil establecerse en un país nuevo.

—Los desplazamientos forman parte de la vida del diplomático. Los aprovecho para conocer la cultura de cada país. Por otra parte, me gusta mucho viajar al extranjero.

Enumera todos los países que ha visitado, con sus padres o sola, y posteriormente con su marido, sobre todo los países anglófonos e hispanos. Cuando era estudiante, estuvo varias veces viviendo con una familia extranjera. Supongo que sus padres le pagaron esos viajes.

Una niña mimada, muy alejada de mi juventud llena de estrecheces.

Tarô se pasa al tobogán. Corre, sube y baja con el rostro iluminado. Hanako sigue lanzando gritos de alegría. La señora Sato me hace una pregunta curiosa:

—¿Cree usted en la metempsicosis?

Veo sus ojos melancólicos.

—¿Quiere decir la reencarnación?

—Sí. ¿Usted qué opina?

La respuesta me viene sin pensar.

—No niego su existencia, pero creer en ella es algo personal, como lo que atañe a la religión.

Eleva la vista hacia el cielo azul.

—Yo sí creo. Siempre me pregunto quién fui en mis vidas anteriores y quién seré en mis vidas futuras. En cada vida, no soy la misma persona, pero el alma sigue siendo la misma mientras cambia de cuerpo, eternamente. Como un collar de perlas interminable.

Se vuelve locuaz. Pienso en los lazos entre la gente real que está conectada conmigo, directa o indirectamente. Shôji, yo, mi último amante Mitsuo, su revista *Azami*…, Tarô. Sin embargo, de lo que habla la señora Sato es de esoterismo. Un mundo espiritual que no vemos. Tengo mis dudas sobre el estado mental de personas que, como ella, se preocupan por esas cosas. De hecho, creo que está completamente perdida.

—Cuando una perla se cruza con otra, ése es el momento en que encontramos a alguien, como nosotras. Son las dos almas que se cruzan.

—Yo soy realista. Lo que me importa es cómo vivir el presente, pase lo que pase. ¿Por qué preocuparse tanto del alma?

Se queda un momento pensativa y dice:

—Sigo pensando que hay razones o sentidos en cada encuentro. ¡Mire nuestros hijos! Se han cruzado en el mundo para hacerse buenos amigos. Estoy segura de que también eran buenos amigos en una vida anterior.

—O hermana y hermano —le digo en broma.

Se calla y se vuelve hacia los niños. Tarô invita a Hanako a jugar en el balancín. Los vigilamos en silencio. De repente, la señora Sato me dice, sonriendo con ternura:

—Espero que nuestra amistad dure mucho tiempo, sobre todo por nuestros hijos. Venga a visitar Alemania con Tarô durante sus vacaciones de verano.

Después de volver del colegio, Tarô se toma la merienda en la cocina. Son los *ohagi* que acaba de hacer mi madre. Tienen buena pinta. Me siento con él a la mesa. «¡Delicioso!», repite. Es lunes, el día en que cierra la librería. Mi madre se ha ido de compras. Mi hijo me cuenta cómo le ha ido el día, aparentemente bastante agradable para él. De repente, cambia de tema:

—Mamá, me gusta mucho mi nombre.

—Qué bien. Me alegra saberlo.

—No me gusta la gente que me dice: «¿Tarô? ¡Pero tú no eres japonés!».

—No te preocupes. Tu padre es español y tu madre, japonesa. Tú eres un mestizo de nacionalidad japonesa. Son hechos que no se pueden cambiar, cariño.

—Sí, lo comprendo, mamá.

Con aire feliz, Tarô se atiborra de *ohagi*.

Esos hechos son falsos. Su padre podría ser francés, italiano, inglés, estadounidense o de cualquier país caucásico. ¿Quién sabe? Elegí que fuera español porque entendía ese idioma. En cuanto a su madre, podría ser asiática sin ser japonesa.

—Mi nombre, ¿qué significa? —me pregunta Tarô.

—«Primer hijo», como lo eres tú —respondo, cogiendo mi segundo *ohagi*.

—¿De veras? Entonces, ¿piensas tener más después de mí?

—No, pero lo pensaba.

—¿Fuiste tú quien eligió mi nombre?

—No.

—¿No? ¿Quién, entonces? ¿La abuela?

—No. No era posible, porque te conoció dos años después de nacer tú.

—¿Quién, entonces? —repite.

—Fue la comadrona.

—¿La comadrona? ¿Quién es?

—Es la mujer que ayuda en el parto.

—Entiendo. Me gustaría darle las gracias. ¿Dónde vive?

—Murió hace dos años. Era una mujer muy mayor. Cuando tú naciste, ya tenía más de ochenta años.

—¡Tan mayor! Debía de ser muy fuerte —exclama.

Esta parte de la historia no es del todo mentira. La comadrona que redactó el acta de nacimiento de Tarô falleció poco antes de abrir yo la librería. Nunca volví a Kanazawa, donde ella vivía, pero le mandaba regularmente fotos y noticias de Tarô.

—También me gusta el nombre de Hanako —añade Tarô—. Me dijo que su nombre significa «hija de flor».

—El tuyo y el suyo juntos son bonitos, como dos gemelos.

Se ríe mientras repite la palabra *gemelos*.

—Tarô y Hanako son nombres clásicos, pero ahora apenas se utilizan —le explico.

—Hay un programa en la tele que se llama *Tarô y Hanako*.

—¡Ah, es verdad!

—¿Cómo se llama la mamá de Hanako? —me pregunta.

—Kako.

—¿Cómo se escribe en *kanji*?

Trazo el nombre de la señora Sato en un trozo de papel y le explico que significa «niña guapa» o «niña excelente».

—¡Kako también es un nombre bonito! En *hiragana* es lo mismo que «pasado» —dice Tarô.

—Tienes razón, son homónimos.

Tras reflexionar un momento, me pregunta:

—¿Qué nombre me habrías puesto si no hubiera estado allí la comadrona?

—Te habría puesto Shôji —respondo sin querer.

—¿Shôji?

—Sí. Es un nombre bonito, ¿no?

Tras reflexionar otro momento, dice:

—Lo siento, mamá. Prefiero Tarô, porque ese nombre no combinaría bien con Hanako, como dos gemelos.

Mi madre ha vuelto de sus compras y se sienta con nosotros a la mesa.

—Falta poco para el 15. Tarô va a cumplir ya siete años —me dice, cogiendo un *ohagi*.

Mira el calendario colgado en la pared. El 15 de enero está marcado con un círculo rojo. Tarô comprende de lo que habla su abuela.

—Hanako se marcha a Alemania el 20 de enero. Me gustaría invitarla a mi cumpleaños.

—Claro que sí, pero cae en martes. Tú tienes colegio, y yo estaré todo el día ocupada en la librería.

—Podríamos invitarlas el domingo que viene, el 13. Quiero ir al zoo Higashiyama con ella —propone Tarô.

—¿El domingo 13? Lo siento, cielo, ese día no podré ocuparme de la librería. Después de la misa, habrá una venta benéfica en la iglesia y yo voy a trabajar como voluntaria hasta las cinco —le interrumpe mi madre.

Decepcionado, Tarô examina el calendario y me sugiere:

—Entonces, ¿por qué no el lunes 14? Es la fiesta del *seijin* y no hay colegio. Además, ese día tú no abres la librería.

Mi hijo está decidido. Llamo a la señora Sato. Tarô me mira con los ojos muy abiertos mientras hablo. La señora Sato acepta gustosa nuestra invitación.

—Está hecho. Nos vamos al zoo Higashiyama el lunes 14 de enero.

—¡Por fin!

Excitado, mi hijo no puede callar.

—Me he enterado en la escuela de que la fiesta del *seijin* es ahora el segundo lunes de enero, pero que antes siempre había sido el 15 de enero.

—Hace tres años que la cambiaron. Antes tu cumpleaños caía en festivo —añade mi madre.

Tarô vuelve la cabeza hacia mí.

—¿Dónde nací yo?

—Ya te he dicho que en Japón.

—Sí, pero ¿en qué ciudad de Japón? ¿Aquí en Nagoya, o en otro lugar?

—Naciste en Kanazawa.

—¿Kanazawa? ¿Eso dónde está?

—Al norte de Nagoya, muy cerca del mar del Japón. Es una ciudad antigua.

—¿Queda lejos de aquí?

—Sí, bastante lejos. Se tarda unas tres horas en tren.

Mi madre nos trae un mapa de Japón y le enseña a mi hijo la ciudad de Kanazawa.

—¿Qué hacías allí? —prosigue Tarô.

—Trabajaba de recepcionista en un hotel.

—¿Nací en el hospital?

—No, en casa de la comadrona.

—Ah, sí, la señora que ayuda en el parto.

Mi madre sonríe a mi hijo.

—Cuando nació tu madre, una comadrona la ayudó a venir al mundo.

—¿En serio? Yo pensaba que todo el mundo nacía en el hospital.

—Antes, la comadrona venía a casa.

—Abuela, ¿dónde vivías cuando nací yo? —pregunta mi hijo.

—Vivía aquí, en Nagoya. En esa época no veía a tu madre. No sabía que había viajado a España y que luego se había instalado en Kanazawa.

Tarô se vuelve hacia mí.

—¿Por qué no le dijiste a tu madre dónde estabas?

—Cuando uno es adulto, no les cuenta todo a sus padres.

—¿Ah, no?

Reflexiona un momento.

—¿Dónde estaba Sócrates cuando te fuiste de Nagoya?

—Estaba en casa de un amigo, en Nagoya.

—¿Te sorprendió cuando mamá me presentó ante ti?

—Sí, claro. Ni siquiera sabía que tu madre estaba embarazada. ¡Pero qué bonita sorpresa me dio! Tarô, tú eras un niño adorable. Lloré y pensé: «¡Ahora soy abuela!». Tú trajiste felicidad a mi vida.

Mi hijo sonríe con aire satisfecho.

—Y tú, mamá, ¿también estabas contenta de que yo naciera?

—¡Vaya una pregunta, a tu madre! ¡Es evidente!

—Mi padre ya había muerto en España. Tú debías de estar triste.

—Sí, muy triste, pero tu nacimiento cambió mi vida.

—¿De veras?

—Sí.

—La mía también, cariño —añade mi madre.

Tarô vuelve a sonreír y se sirve el último *ohagi* en su plato.

Fue hace siete años, el 15 de enero.

Esa mañana, el cielo estaba nublado. Yo dejaba Nagoya, mi ciudad natal, para irme a vivir a otra parte. Habría podido elegir cualquier destino. Incluso podía haberme ido al extranjero si hubiera tenido dinero suficiente, pero no era el caso. En la estación de Nagoya, compré un billete para Osaka.

Acababa de separarme de un amante con el que había salido unos meses, lo cual no tenía nada que ver con mi viaje. Simplemente, necesitaba un cambio. Confiaba en encontrar un empleo en Osaka. Mujer, treinta y un años, sin estudios, no tendría mucho donde elegir. Sin embargo, esperaba poder trabajar en una librería normal o de lance, como había hecho antes.

Con el fin de ahorrar, cogí un tren normal en vez de un *shinkansen*. De todas formas, no tenía ninguna razón para llegar pronto: nadie me esperaba en Osaka. Al subir al tren, pensé en mi madre, a la que no había visto desde hacía casi un año. Decidí invitarla unos días a Osaka cuando hubiese encontrado un empleo.

Había un flujo constante de pasajeros nuevos en mi compartimento. Algunos intentaban dirigirme la palabra con el acento de su región. Yo no estaba de humor para hablar con nadie y no les respondía más que sí o no.

En un momento dado, me encontré sola con un hombre de cuarenta y tantos. Llevaba un traje y una corbata elegantes y me miraba fijamente, como si me examinase.

—Señor, ¿quiere algo?

—Discúlpeme, pero estoy impresionado por su belleza —dijo, sonriendo.

Su mirada era la de un hombre que intentara seducir a una mujer. Me recordaba al amante con quien acababa de romper. No reaccioné. Me dio su tarjeta de visita mientras se presentaba:

—Soy un hombre de negocios y vivo en Osaka.

—¿Ah, sí? Es allí donde voy.

—¿Trabaja usted allí?

—No, pero espero encontrar un empleo.

—¡Entonces llámeme! —me propuso con entusiasmo—. Conozco a mucha gente y estoy seguro de poder ayudarla.

Se bajó en la siguiente estación. Miré la tarjeta de visita, en la que ponía: «Compañía de importación-exportación Osaka». Sin pensarlo, la rompí en pedacitos, que tiré en la mochila.

Mi último amante de aquella época me había abordado de la misma manera. También era un hombre de negocios. Estaba casado y sólo buscaba una aventura conmigo, lo que me venía muy bien. Pero empezó a ir en serio y quería divorciarse de su mujer, así que dejé de verle rápidamente.

Mientras el tren avanzaba, yo contemplaba el paisaje. El cielo seguía nublado.

Pensaba en Shôji, mi amante a los veintitantos. Sus palabras daban vueltas en mi cabeza: «Todavía estoy impactado por tu aborto, pero es inútil volver sobre lo que está hecho. Aún te quiero. Casémonos». Me había querido presentar a sus padres, que vivían en Nara. Yo le repetí: «Lo siento, pero mi respuesta sigue siendo no. El matrimonio y la convivencia no me interesan, y no quiero tener hijos. Ha sido culpa mía: calculé mal mis reglas». Shôji acabó renunciando. Es el único hombre al que he echado de menos, aunque nunca intenté volver a verle.

Cuando el tren se acercaba a Maibara, se puso a nevar. Admirando aquel paisaje, de pronto me entraron ganas de caminar. Como todavía faltaba más de una hora y media hasta Osaka, me aseguré de que mi billete me permitía tomar otro tren más tarde.

Bajé en la estación de Maibara. Me impresionó su tamaño, desproporcionado para una ciudad tan pequeña. Es un cruce de tres líneas, hacia el oeste, el este y el norte. Nunca había cogido la que va al norte y luego bordea el mar del Japón, que se llama la línea de Hokuriku.

Cuando salí de la zona de andenes, miré por curiosidad un tablón de horarios de la línea de Hokuriku. El nombre *Kanazawa* atrajo mi atención, una ciudad nevada, situada justo al norte de Nagoya. Es una ciudad antigua, construida en torno a un castillo feudal, que yo quería visitar algún día, sobre todo en invierno.

Eran casi las dos de la tarde y decidí coger el tren de las cuatro para Osaka.

En la estación me crucé con muchas chicas que llevaban kimonos primorosos. Todas llevaban un peinado arreglado con un peinado elegante, con adornos en el pelo y un mantón blanco. Comprendí que era la fiesta del *seijin*. Yo no había participado en esta ceremonia organizada por la junta del barrio de Nagoya donde estaba empadronada.

Dejé la maleta en la consigna automática y salí de la estación. Seguía nevando.

Después de pasear más de una hora, llegué a una calle comercial, no lejos de la estación. Entré en un café para calentarme. Sólo tenía que andar unos minutos para coger el tren, y tomaba café, distraída.

De vuelta a la estación, me dirigí rápidamente a la consigna. Mi taquilla se encontraba al fondo de la tercera fila, a la izquierda. No había nadie en ese momento.

Cuando introduje la llave en la cerradura, noté que la taquilla por debajo de la mía estaba un poco abierta. Dentro atisbé una caja de cartón que no estaba cerrada del todo. Alguien debía de haberla olvidado. Había que informar a un empleado de la estación. Por curiosidad, tiré de la caja. Cuando vi el contenido me quedé atónita: «¡Es un bebé!».

Seguía sin haber nadie a mi alrededor. Saqué lentamente la caja de la taquilla. Era un niño recién nacido, aparentemente mestizo: asiático y blanco. Envuelto en una manta *beige*, no se movía ni lloraba. Seguía con los ojos cerrados. Me entraron palpitaciones: «¿Estará muerto?». Pero sus labios se movían ligeramente. Encima de la manta habían puesto un tallo de *hôzuki* con dos frutos. Los cálices eran grises y fibrosos, pero los frutos se mantenían vivos y de un naranja brillante. No había nada más en la caja. De pronto, el bebé abrió los ojos y sonrió. Al verlo me quedé helada: su cara me recordaba a Shôji.

El bebé seguía tranquilo y abrió la boquita para bostezar. Lo cogí en brazos, como sin pensarlo, y eché a andar, tirando de la maleta. En vez de avisar a la policía, salí otra vez de la estación. El plan de quedarme en Osaka se había esfumado.

La nieve seguía cayendo. Elevé los ojos hacia el cielo gris. Al cabo de un momento, decidí ir a Kanazawa.

La casa de la comadrona se hallaba en el barrio I., que había sido un *yûkaku* hasta los años cincuenta. Fui allí para conseguir un acta de nacimiento. La octogenaria vivía sola.

La comadrona nos escrutó al bebé y a mí. Tras un largo silencio, por fin abrió la boca y dijo:

—No he estado en su parto. ¿Cómo puedo redactar un documento semejante? Es ilegal. Ni hablar, señora.

—Por favor, haré lo que sea —supliqué.

—No intente sobornarme —respondió ella, con calma.

—No tengo dinero —dije.

Sonrió por primera vez. Yo no: pensaba en cómo criar sola al niño con lo poco que tenía, y sin trabajo.

—¿Dónde dio a luz? —preguntó la comadrona.

—En mi apartamento.

—¿Quién la ayudó?

—El padre del bebé —dije, prolongando la mentira.

—Entonces, él es un testigo. ¿Dónde está?

—Es un inmigrante clandestino. Desapareció inmediatamente después del parto.

—¡Qué hombre tan irresponsable! —exclamó la anciana.

—He oído decir que, sin testigos, es complicado inscribir el nombre de mi hijo en mi *koseki*.

—Si efectivamente el hijo es suyo, no tiene nada que temer. Es sólo una cuestión de tiempo.

Me quedé callada. La comadrona me escrutaba con rostro severo, como si hubiera descubierto mi mentira desde el principio.

—Al menos, se ve claramente que el bebé es mitad asiático —prosiguió—. Sin embargo, no me parece usted una mujer que acaba de parir.

Seguía con el rostro muy serio. Sentí que era inútil continuar mintiendo delante de aquella comadrona experimentada y acabé reconociendo la verdad.

—Lo encontré en una taquilla.

—¿Cómo? ¿Que encontró a este bebé en una taquilla? ¡Qué horror! —exclamó.

Cogiendo al niño en brazos, dijo con voz temblorosa:

—¿Cómo se puede tener una idea tan terrible? Si la puerta de la taquilla se hubiese cerrado con llave, este niño estaría muerto.

Con la cabeza gacha, yo esperaba que la anciana cambiara de opinión.

Me contó la historia de jóvenes prostitutas a las que había ayudado a parir. Algunas habían desaparecido, dejándole al bebé. En todas esas ocasiones, ella había avisado a la policía y el orfanato se había hecho cargo del niño.

—Pero esas chicas no abandonaron a su bebé en un lugar tan espantoso como una taquilla —añadió.

La anciana examinaba al recién nacido que tenía en sus brazos. El bebé seguía tranquilo, lo que me producía una impresión extraña. La anciana me preguntó, mientras le acariciaba la cabeza:

—¿Había algo en la taquilla, como una carta, por ejemplo?

—No. Sólo un tallo de *hôzuki.*

—¡*Hôzuki!* Es curioso…

Reflexionó un instante. Yo me preguntaba qué estaría pensando.

—¿Sabe usted que antiguamente —dijo— las prostitutas usaban esos frutos para provocar el aborto?

—¿El aborto?

Esta palabra me perturbó, pues me vino a la mente el rostro triste de Shôji: «El aborto es una prerrogativa del ser humano». La comadrona seguía hablando del *hôzuki.* Según ella, estos frutos contenían una sustancia que estimula las contracciones del útero. Yo no lo sabía y pensé: «¿La madre del bebé intentó poner fin a su embarazo?».

La anciana me miró a los ojos.

—No obstante, lo que se encuentra no nos pertenece. ¿Por qué no avisó a la policía?

—Imaginándome su futuro, quise que lo considerasen como mío. Sin padres, mestizo, abandonado en una taquilla… No quería que viviese con semejantes cargas.

—Hay muchos huérfanos. Podría adoptar uno, en vez de arriesgarse así.

Me quedé callada. Seguía deseando que la anciana cambiara de opinión, mientras ella acunaba al bebé.

—Hay otra carga que nadie puede borrar.

—¿Cómo?

—Habrá que confirmarlo con un médico, pero, en mi opinión, podría ser discapacitado.

—¿Discapacitado? ¿Cómo así?

—Creo que es sordo.

No reaccioné, a pesar de esa mala noticia. Mientras acunaba al niño, la anciana cantaba en voz baja:

> «*Hôzuki*, *hôzuki*, el amor enjaulado.
> Naranja como el lirio atigrado,
> reluciente como el sol.
> ¡Qué alegría! Tú eres mi resplandor».

No había oído nunca esa canción.

—¿Es una nana?

—Sí, me la acabo de inventar.

Mientras ella repetía la nana, volví a suplicarle:

—Señora, por favor, deme un acta de nacimiento.

La anciana se calló y me miró fijamente.

—¿Está realmente decidida?

Asentí con la cabeza.

—Todavía tiene un poco de tiempo antes de la fecha límite para inscribirlo. Vuelva dentro de tres días y ya veremos —dijo.

Hoy, lunes 14 de enero, es la fiesta del *seijin* y no hay colegio.

Tal como le prometí a Tarô, esta tarde vamos al zoo Higashiyama con Hanako y su madre. Celebraremos allí su séptimo cumpleaños con ellas. La señora Sato no conduce, así que pasaré a recogerlas en coche, porque su casa queda de camino. Desde primera hora de la mañana, Tarô espera impaciente.

Como todos los lunes, la librería está cerrada. Comemos los tres hacia el mediodía. Mi madre dice que va a salir con su amiga y que volverá antes de las seis. Durante la comida, saca el tema de la familia Sato.

—Hanako se marcha en breve a Alemania, ¿no?

—Sí, dentro de seis días.

—Tarô se pondrá triste.

—Lo sé, mamá, pero no tengo intención de mantener el contacto con su madre.

—Lo entiendo. Esa familia es muy distinta a la nuestra.

—Los niños son todavía muy pequeños y lo olvidarán fácilmente.

Después de comer, Tarô y yo salimos para subir en el coche. En ese momento nos cruzamos con la vecina que mi hijo llama *Onêchan*. Lleva un bonito kimono y me doy cuenta de que va a participar en la ceremonia del *seijin*. Su rostro maquillado y el pelo recogido nos sorprenden. Tarô tardó en reconocerla.

—Mamá, ¿tú también has llevado un kimono para esta fiesta? —pregunta.

—No. Ni siquiera he ido a la ceremonia —contesto.

Estamos en el zoo Higashiyama.

Como mi hijo lo ha visitado muchas veces, guía con orgullo a su amiga hacia sus lugares favoritos. Le gustan especialmente la jirafa, el león y el canguro. Le habla por signos a Hanako, que intenta imitar su movimiento de dedos. En caso de necesidad, escribe o dibuja en un cuaderno para explicar lo que quiere decir. La señora Sato y yo los observamos en silencio.

El zoo me recuerda a mi sueño de infancia. Ignorante de la precaria situación económica de mi madre divorciada, pensaba ir a una buena universidad para hacerme veterinaria o zoóloga. Los animales me siguen gustando y su comportamiento me fascina. Incluso ahora no imagino mi vida sin animales.

Pienso de nuevo en la escuela primaria T., a la que fui sólo en sexto curso. Allí había conejos en una madriguera colocada en un rincón del patio. Nuestra clase estaba encargada de cuidarlos. Como ningún otro alumno quería hacerlo, me ofrecí para esa tarea. De hecho, fue gracias a los animales como pude soportar esa escuela en la que no estaba a gusto.

Oigo a Hanako exclamar:

—¡Mira, mamá! Oh, pobres conejos…

Diviso delante de ella unos conejos en jaulas separadas por tablas. Los conejos están comiendo zanahorias. Tarô se acerca a las jaulas y Hanako pregunta a su madre:

—A los conejos les gusta saltar. ¿Por qué no los dejan salir?

Tiene razón. Las jaulas podrían ser más grandes, pero se les tiene allí porque son de una raza muy frágil. Criar a esos animales no es tan simple como se piensa.

Me fijo en las tablas que separan las jaulas y recuerdo la taquilla en la que encontré a Tarô. La caja de cartón, la manta *beige* y el tallo de *hôzuki*. Recuerdo incluso el intenso color anaranjado de los frutos, y oigo la nana de la comadrona: «*Hôzuki*, *hôzuki*, el amor enjaulado... ¡Tú eres mi resplandor!».

—Mamá, ¿qué ocurre?

Me vuelvo hacia Hanako. Con la cara pálida, la señora Sato acaba de sentarse en un banco.

—¿Se encuentra bien? —le pregunto.

—Me ha dado un mareo, pero no es grave. Gracias.

Creo que el olor del zoo la perturba. Le sugiero que descansemos en uno de los cafés del zoo. Tarô se pone contento: allí tienen unas tartas riquísimas. Propone que después vayamos al parque de atracciones. Lo consulto con la señora Sato, que está de acuerdo. Al escucharnos, Hanako se emociona: «¡El parque de atracciones!».

Entramos en el café. La señora Sato se encuentra mejor. En la mesa, los niños dibujan animales y Hanako se ríe mucho. Pido tarta de chocolate y bebidas.

—¡Felicidades!

Hanako le regala un libro a Tarô: *Urashima Tarô*. Su madre también le da un regalo: un juego de pintura. Mi hijo está feliz. Viendo su cara resplandeciente, siento no poder mandar fotos suyas a la comadrona.

Después de la pausa en el café del zoo, la señora Sato se encuentra mucho mejor.

Ahora estamos en el parque de atracciones. Paradas delante de la valla, la señora Sato y yo vigilamos a los niños. Tarô se ocupa bien de Hanako y elige juegos fáciles.

—Usted parece llevar una vida serena —me dice la señora Sato.

La miro, desorientada.

—¿Su familia es religiosa? —pregunta.

Esta pregunta me desconcierta. El otro día, creyó que el nombre de mi tienda significaba «oración», igual que mi madre y mi hijo.

—Yo no soy religiosa, pero mi madre sí. Va a la iglesia católica todos los domingos.

—¿Católica? ¿Desde pequeña?

—No, se hizo católica de adulta.

—¿Por qué eligió su madre el catolicismo?

—No lo sé.

Mi madre fue a la cárcel hace casi treinta años. Nadie de mi entorno, incluido Tarô, conoce su oscuro pasado.

Divorciada de mi padre, mi madre trabajaba de cocinera en un bar-restaurante. Allí se enamoró de un barman soltero y encantador, que era muy amable con ella. Pero una guapa camarera, celosa, sedujo a aquel hombre para provocarla. Un día, la camarera entró en la cocina e insultó y hostigó a mi madre, que estaba cortando carne. Presa del furor, mi madre la hirió con un cuchillo. Durante su encarcelamiento, conoció a un capellán japonés y se hizo católica.

—Su madre es toda una artista —me repite la señora Sato—. Me encantan sus trabajos manuales. ¿Dónde aprendió esa técnica?

—En ningún sitio.

Me callo. Fue en la cárcel donde mi madre aprendió a hacer artesanía con telas y flores secas.

—Me haría creyente si la religión me permitiera escapar del dolor de la vida —prosigue la señora Sato.

La observo: «¿El dolor de la vida?». Esto no casa con su estatus social. Al poco de conocernos, trató de contarme algo sobre su matrimonio, pero yo me negué a escucharla.

—No deseo liberarme de nada por medio de la religión —le suelto.

—Usted debe de ser fuerte.

—No lo sé. Simplemente lucho por sobrevivir. No es fácil llevar una librería de lance.

La señora Sato murmura:

—Debe de ser duro criar a un hijo…

No termina la frase.

—¿Quería decir «discapacitado»? —le pregunto.

Con aire triste, no responde.

—Sea como fuere —digo—, Tarô forma parte de mí y de mi vida desde que nació. Sólo pienso en vivir con esa realidad.

Continúa escuchándome en silencio.

—Tarô tiene un espíritu tranquilo, como Buda. También es un pequeño filósofo para mí —añado.

Con la mirada baja, no dice nada más.

Consulto mi reloj. Son casi las cinco. Es hora de volver a casa. Esta noche, mi madre prepara una cena especial para Tarô. Salimos del zoo.

En el coche, Tarô le da a Hanako un dibujo de Sócrates que ha hecho esta mañana. Le cuenta: «Sócrates tiene quince años. Todavía era cachorro cuando mi madre lo encontró en la orilla del río».

Cuando llegamos a casa de la señora Sato, Hanako se pone a llorar. Su madre le repite: «No llores. Volveremos a vernos algún día». Tarô tiene lágrimas en los ojos. La señora Sato me da otra vez las gracias por la invitación y añade:

—Le enviaré nuestra nueva dirección de Fráncfort.

Mi coche se aleja de su casa. Por el retrovisor, puedo ver a Tarô despidiéndose de Hanako con la mano.

Mientras conduzco, pienso en el momento en que *encontré* a mi hijo. Me veo otra vez en la estación de Maibara. Parada delante de una taquilla, clavo la mirada en el rostro de un niño abandonado. Él abre los ojos, sonríe y bosteza. Camino sosteniéndolo en un brazo, mientras con el otro tiro de la maleta. Me cruzo con chicas que llevan kimonos ceremoniales. Está nevando.

Echo un vistazo al retrovisor. Con la cabeza gacha, Tarô está sin duda absorto en el libro *Urashima Tarô* que le ha regalado Hanako. Me pregunto en qué día de enero nació realmente mi hijo.

Sócrates ha muerto.

Eran más o menos las nueve de la mañana cuando lo encontré tumbado en su alfombra, al fondo del pasillo. Su cuerpo estaba todavía caliente, así que tuvo que ocurrir unos minutos antes. Tarô ya había salido para la escuela. Hoy estamos a jueves, 17 de enero.

Mientras permanezco junto a Sócrates, mi madre trae una caja de cartón forrada de algodón blanco, donde deposita suavemente el cuerpo de nuestro gato. Acariciándolo, recita extractos de la Biblia: «Pregunta a las bestias, a las aves del cielo, a los peces del mar, a los árboles, a las plantas… Él lo hizo todo con su mano. En su mano está el alma de todo ser viviente y el soplo en la carne del hombre». Escuchándola, veo de nuevo a mi viejo gato caminando por la orilla del río.

Sócrates estaba muy débil estos últimos días. Me esperaba su muerte, pero su desaparición me ha entristecido mucho más de lo que habría imaginado. Es la primera vez que pierdo a un *miembro* de mi familia cercana. Un gato abandonado, callejero y enfermo, que recogí hace quince años para llevarlo a mi apartamento.

Decido enterrarlo en el patio trasero cuando vuelva Tarô. Esta noticia le afectará más todavía, ahora que

Hanako va a irse lejos. Han transcurrido tres días desde nuestra visita al zoo Higashiyama.

Bajo a abrir la tienda. Mi madre se reúne conmigo trayendo sus últimas confecciones. Entran clientes. Al cabo de un momento, me entran ganas de estar sola. Dejo la caja y le digo a mi madre que estaré de vuelta en una hora.

El cielo está nublado.

Llego a la orilla del río, el lugar donde paseaba con Sócrates. Me pongo a tirar piedras al agua, una tras otra. Rebotan en la superficie tres o cuatro veces antes de desaparecer.

Me siento en una piedra grande. Con los ojos cerrados, escucho el ruido del agua. Me viene de nuevo a la mente el rostro de Shôji, y nos imagino dialogando.

—¿El budismo es una religión o una filosofía? —pregunto.

—Es una religión —responde.

—Pero no tiene dios.

Se echa a reír.

—Mitsuko, ¿sabes cuál es el fin de las religiones? Liberar del dolor de la vida y la muerte. El budismo no es una excepción. En lo que se diferencia de otras religiones es en que los budistas tratan de alcanzar el despertar por sí mismos, mientras que los monoteístas cuentan con su dios para llegar al paraíso.

—Entonces, ¿cuál es el fin de la filosofía?

—Preguntarse cómo vivir hasta la muerte, por qué hemos nacido en este mundo, sobre todo comprender qué significa el mundo.

Le pincho.

—¿Por qué complicarse tanto?

—Entonces, dime qué piensas tú.

—La diferencia es simple. La religión consiste en creer y la filosofía, en dudar.

—¡Bravo! —exclama, riendo.

Me levanto y tiro más piedras.

Los pequeños guijarros saltan y danzan sobre el agua uno o dos segundos. Instantes efímeros, como nuestro encuentro con la señora Sato y su hija.

Tarô ha vuelto del colegio.

Se queda sentado un buen rato junto a Sócrates, que ya está rígido en la caja de cartón. Luego se va a su habitación y, volviendo a salir, dice:

—Mamá, voy a comprar flores.

Con trescientos yenes en la mano, se va a la floristería de al lado.

En el patio trasero, cavo el suelo con una pala. La tierra está dura y hay muchas piedras. A mi lado está la caja con el cuerpo de Sócrates. Mientras cavo, siento las lágrimas cayendo por mis mejillas. Cuando por fin consigo hacer un hoyo lo bastante profundo, Tarô vuelve con un paquetito envuelto en un papel crema.

—¿Qué has comprado? —pregunto.

Me entrega el paquete.

—Ábrelo, mamá. Es para la tumba de Sócrates.

Al abrirlo, el corazón me da un vuelco. No es un ramo de flores, sino un *hôzuki* de dos tallos, con frutos cuyos cálices son de un naranja intenso.

—Son bonitos, ¿verdad? —dice Tarô, sonriendo.

—Sí, son muy bonitos —respondo vacilante.

Mi madre viene con nosotros y repara enseguida en los *hôzuki*.

—¡Qué bonito, como linternas clásicas! Es raro ver estas plantas en invierno.

Tarô le explica:

—Según la florista, se usan mucho en el *ikebana*.

—Es cierto, porque su color es muy bonito y animado.

Tarô le muestra un trozo de papel, en el que se ven unos *kanji*. Mi madre le pregunta:

—¿ 鬼灯 ? ¿Quién ha escrito esto?

—*Onêchan*. Estaba en la floristería. Me ha dicho que estos *kanji* se pronuncian /hôzuki/, pero que algunas personas a menudo pronuncian /Kitô/ por error, como el nombre de nuestra tienda.

Mi madre me mira.

—¿El *Kitô* que significa «oración» también podría significar *hôzuki*?

No respondo.

—*Onêchan* me ha dicho también que 鬼 quiere decir *«oni»* y 灯 «luz» —prosigue Tarô.

—Sí, es cierto —dice mi madre—. Pero qué curioso, el *kanji* 鬼 para una planta tan bonita.

Tarô sonríe.

—*Hôzuki*, *kitô* y oración. ¡Qué interesante!

—Sí —dice mi madre—, muy interesante. Tu elección es excelente, cielo. Sócrates estará muy contento.

—¿Se pueden comer esos frutos?

—Sí, pero saben muy amargos. A algunas personas luego les duele la tripa.

—*Onêchan* me habló también de lo que significa el *hôzuki* en el lenguaje de las flores.

—¿Y qué significa?

—«Mentira».

Mientras hablan, traigo un florero de bambú lleno de agua y meto en él los tallos de *hôzuki*. Luego declaro que ha llegado el momento de enterrar a Sócrates. Mi madre y Tarô enmudecen.

Deposito el cuerpo en el hoyo y lo cubro de tierra. A medida que va desapareciendo, el rostro de Tarô se entristece. Cuando el hoyo está cubierto del todo, mi madre clava el florero de bambú calzándolo con piedras. Repite, murmurando: «Pregunta a las bestias, a las aves del cielo, a los peces del mar, a los árboles y a las plantas...».

Tarô me pregunta, con los ojos llenos de lágrimas:

—¿Dónde vamos después de morir?

Le respondo con franqueza.

—No lo sé. Sólo los que han muerto lo saben.

Tarô le hace la misma pregunta a su abuela, que le contesta:

—Al paraíso o al infierno, depende de lo que hayamos hecho en este mundo. Incluso en el caso de que nos hayamos portado mal aquí, podemos ir al paraíso si nos arrepentimos.

—¿Qué quiere decir *arrepentirse*?

—Quiere decir lamentar lo que se ha hecho.

Tarô reflexiona un momento y le pregunta:

—¿Cómo se puede conocer esos lugares sin haber estado nunca?

A la mañana siguiente, me despierto temprano, pero remoloneo en la cama pensando en Sócrates, mi viejo gato filósofo. Lo echo de menos. Es viernes, un día largo para mí, porque esta noche trabajo en el bar X.

Me ocupo de la tienda hasta las cinco y luego ceno con Tarô antes de emprender mi «viaje de negocios». Estaré de vuelta mañana, antes del mediodía, con libros de ocasión que he pedido aquí y allá. Tarô me anima: «Mamá, espero que consigas buenos libros a precio barato. ¡Buena suerte!».

Hacia las siete, voy a un hotel situado cerca de la estación de Nagoya. Como de costumbre, es un hotel de ejecutivos común y corriente. Luego me ducho y me pongo un vestido verde que me traje de casa.

Ante el espejo, abro el estuche de maquillaje: base, polvos compactos, borla, sombra de ojos, lápiz de labios, rímel, esmalte de uñas…, cosas que no le enseño a nadie.

Tarô me preguntó una vez: «¿Por qué no te maquillas como las madres de mis amigos?». Yo le respondí: «Porque el maquillaje destroza la piel». Me preguntó también: «¿Por qué llevas siempre ropa sencilla y colores sobrios?». «Porque me gusta. Mi color favorito es el gris oscuro», le respondí.

Los productos de maquillaje me recuerdan la época en que Tarô y yo vivíamos en Kanazawa. Yo estaba en una situación desesperada y prostituirme era el medio más rápido de ganar dinero.

En esa época, volver a Nagoya estaba descartado. Debía evitar encontrarme con algún conocido, porque no estaba embarazada cuando dejé mi ciudad natal. Habría sido muy raro aparecer de repente con un bebé. Era preferible, pues, quedarme en Kanazawa, donde nadie me conocía, salvo la comadrona que había redactado un acta de nacimiento para el bebé.

En Kanazawa contacté con una agencia que ofrecía «servicios» a viajeros y visitantes. Siempre que la agencia me llamaba, dejaba a Tarô con la canguro, una joven que también tenía un niño de pecho y que compartía su leche con mi bebé, creyendo que yo no podía amamantarlo debido a mi estado de salud. En su presencia me ponía vestidos sencillos, y ella pensaba que yo era una mujer de negocios que viajaba mucho. No conocía mi rostro maquillado.

La agencia me enviaba siempre a un hotel. Los hombres estaban por lo general de vacaciones. La mayor parte parecían ricos. Mi último cliente fue el señor K., un comentarista de historia muy conocido que estaba en Kanazawa para dar una conferencia. Me sorprendió conocer a una celebridad de esa manera. Era natural de Nagoya, como yo, y me sugirió que, si volvía, trabajara en el bar X, cuyo dueño era buen amigo suyo.

Cuando Tarô cumplió dos años, volví a Nagoya. Mi madre se llevó una sorpresa: «¡No sabía que tenías un hijo!». Se quedó atónita al ver que era mestizo y discapacitado. Viví una temporada en su casa. Entonces llamé al señor K. a propósito del bar X. Estaba encantado de presentarme al dueño y me invitó al restaurante con su mujer. Ésta me habló de un apartamento cuyo propietario buscaba inquilinos de fiar, y allí me mudé con Tarô.

El sueldo del bar estaba muy bien, pero no acepté más que una sola noche por semana por temor a que, tentada por el dinero fácil, aquel empleo se volviera permanente. También trabajaba de camarera en un café, mientras mi madre se ocupaba de Tarô en mi ausencia. Dos años después abrí la tienda, al tiempo que Tarô empezó a ir a una escuela privada para discapacitados. Mis ingresos en el bar se tornaron indispensables.

Me miro otra vez en el espejo, toda maquillada. El flequillo me cubre la frente hasta las cejas. Si Tarô se cruzase conmigo en la calle, probablemente no me reconocería. Mi madre sabe lo que hago los viernes por la noche, pero ella tampoco me reconocería: nunca le he mostrado mi transformación.

«Usted parece llevar una vida serena», me dijo la señora Sato, que ha recibido una buena educación e instrucción. Casada con un diplomático, vive en la abundancia. «Serena», no sé realmente a qué se refiere. Vivo sin duda en un mundo completamente distinto al suyo. Uno no elegiría el mío de forma espontánea, salvo por el oficio de librera. Si la señora Sato supiese la verdad sobre mí y sobre mi vida, seguro que habría dejado de verme inmediatamente. No importa. Me habría dado igual lo que pensara de nosotras. Ironizo en mi cabeza: «Pasar de todo… ¿implica ser "serena"?».

Son las ocho menos veinte. Me pongo el abrigo, el sombrero, la bufanda y las gafas negras, y llamo a un taxi.

Al día siguiente, el cielo está nublado. Anuncian nieve para la tarde.

Llego a casa después de mi «viaje de negocios». Antes de nada, llevo a la tienda unas cajas llenas de libros de ocasión que he comprado. Mi madre está en la caja, ocupada en responder a un cliente.

—Ayer por la noche cogí una llamada para ti. Fue poco después de irte.

—¿Quién era?

—La madre de Hanako. Le dije que estabas de viaje y que no volverías hasta esta mañana.

—¿Dejó algún mensaje?

—Nada particular. Dijo que probablemente te volvería a llamar esta tarde.

—¿Ah, sí?

No he hablado con ella desde nuestra visita al zoo, hace cinco días. Se va mañana a Alemania y querrá despedirse por última vez.

Entra gente sin parar. Es sábado, el día más ajetreado de la semana. Aparte de los clientes, recibimos muchas consultas por teléfono.

Todavía no he visto a mi hijo. Subo al piso con un cómic que acabo de comprar. Tarô está haciendo los deberes en su cuarto. Veo en la pared el dibujo de Hanako con un cachorro blanco y una flor naranja. Tarô mira la imagen de un viejo templo budista.

—¿Has encontrado buenos libros? —me pregunta.

—Sí, mi viaje ha sido fructífero.

Al recibir el cómic, se pone muy contento.

—*¡El gato gordo y la pequeña serpiente!* ¡Parece divertido!

En ese momento, pienso en la señora Sato: «¿Volverá a llamar?». Tarô me pregunta:

—¿Quién es Shaka?

—Es el hombre que fundó el budismo. Su verdadero nombre es Siddhartha.

—¿Y Buda?

—Es la persona que alcanzó el despertar.

—¿Qué significa *alcanzar el despertar*?

—Según dicen, ahuyentar las preocupaciones y conocer la verdad.

—No entiendo.

—Yo tampoco.

Bajo a la tienda. Efectivamente, esta mañana hay muchos clientes y llamadas. Mi madre y yo trabajamos sin descanso.

Hacia el mediodía, la cosa se calma un poco y mi madre sube a la cocina a preparar la comida. Primero comerá ella con Tarô y, cuando baje, me tocará a mí. A Tarô le corresponde fregar los platos, además de recoger su habitación y limpiar el cuarto de baño.

Mi madre me avisa de que esta noche sale con su amiga a ver una película. Yo voy a quedarme en casa con

Tarô. Estoy cansada. Ayer, como todos los viernes, trabajé todo el día hasta la medianoche. Además, no dormí mucho en el hotel, así que esta noche me gustaría acostarme en cuanto cierre la tienda.

Después de comer, estamos de nuevo ocupadas atendiendo clientes. Hoy el negocio marcha muy bien y ya hemos vendido la mitad de los libros que traje esta mañana. Poco después de las cuatro, la tienda se queda por fin en calma y mi madre aprovecha para salir a pasear con Tarô por el parque del barrio.

La señora Sato no vuelve a llamar. Debe de estar muy ocupada preparando su marcha. Me pregunto: «¿O acaso espera mi llamada? ¿Necesitará más libros de filosofía para su marido?». Finalmente, decido llamarla.

—Residencia de los Sato, ¿dígame?

Esta vez es la asistenta quien lo ha cogido.

—¿Está la señora Sato?

—Lo siento, pero ha salido y no volverá hasta después de las seis.

Cuelgo sin dar mi nombre.

Me entran ganas de fumar y salgo al patio trasero, donde está enterrado Sócrates. Los *hôzuki* siguen vivos en el florero de bambú a pesar del frío.

El cielo se oscurece. Mientras fumo, recuerdo los clientes que tuve ayer en el bar X. El señor K. me presentó a un amigo filósofo, que nos habló de la relación entre el budismo y la filosofía. Sonreí cuando ese nuevo cliente le preguntó al señor K.: «¿Conoce usted la librería Kitô? Es una librería de lance. ¿No? ¡Tiene que ir! Allí se encuentran muchos libros especializados muy curiosos».

Empiezan a caer copos de nieve, y murmuro: «Ah, el pronóstico del tiempo no estaba equivocado».

Elevo los ojos al cielo gris. Veo de nuevo la estación de Maibara. Sosteniendo un bebé en un brazo y tirando de la maleta con el otro, camino sin saber adónde ir. Escucho la voz de la comadrona: «*Hôzuki, hôzuki*, el amor enjaulado… ¡Qué alegría! Tú eres mi resplandor».

Ha pasado el tiempo sin darme cuenta, y el niño que encontré tiene ahora siete años. Nuestra vida es tranquila, ¿o será que mi espíritu se ha serenado? Sea como fuere, de ningún modo quiero que esta tranquilidad se rompa.

Oigo un ruido. Tarô y mi madre han vuelto de su paseo. Desde fuera del escaparate, mi hijo me hace señas.

—¡Mamá, está nevando!

Bostezo sin parar. Son más de la ocho y media de la tarde y quiero acostarme lo antes posible. Sin embargo, decido leerle primero un cuento a Tarô, como todas las noches. Estamos solos. Según lo previsto, mi madre se ha ido a ver una película con su amiga y no volverá hasta después de las diez.

Entro en el cuarto de Tarô, que me espera con el cómic *El gato gordo y la pequeña serpiente*.

Es la historia de un gato que atormenta a todas horas a una pequeña serpiente, que tiene miedo de ese animal tan gordo. Un día, en el parque, el gordo se burla de la pequeña delante de los otros cuadrúpedos: «¡Ja, ja! ¿Dónde tienes las patas?». De pronto, la serpiente le grita, abriendo de par en par la boca, desmesurada para su tamaño: «¡Ya basta! ¡Me puedo tragar tu cabeza!». Petrificado, el gato sale corriendo y todo el mundo se echa a reír: «¡Gordo pero cobarde!». Tarô me dice, divertido: «Sócrates era grande y fuerte, pero nunca fue malo».

Alguien llama a la entrada privada del piso. Nos miramos: «¿Quién será?». Al abrir la puerta me llevo una sorpresa.

—Señora Sato…

Se queda allí parada, con la cara pálida. Su visita es tan inesperada que no sé qué decir. Se supone que es mañana cuando ella y su hija se marchan a Alemania. Veo un taxi aparcado frente a la escalera exterior. Nieva ligeramente.

—Siento venir a estas horas —se disculpa.

Lleva un abrigo elegante.

—Mi madre me dijo que había llamado, y esta tarde traté de localizarla… —le digo.

—Señora Tsuji, tengo que hablar con usted sin falta —me interrumpe.

—¿Cómo?

Su tono apremiante e inusual me desconcierta. La señora Sato me mira con insistencia. Estoy confundida, como un gato gordo repentinamente amenazado por una pequeña serpiente desesperada. No sé qué responder. La señora Sato añade en el mismo tono:

—Si mi visita le incomoda verdaderamente, me marcho ahora mismo y no volveré a presentarme ante usted.

Permanezco callada: «¿Qué está pasando?». No tengo ninguna gana de entablar amistad con esta mujer. Si no volviese a verla, tanto mejor. Noto sus ojos hinchados: «¿Ha llorado?».

—Vuelva a bajar. Voy a abrir la puerta de la tienda.

—Gracias.

Por fin relaja el rostro. Baja y despide al taxi. Vuelvo a la habitación de Tarô, que se está metiendo en la cama.

—¿Quién es?

—Es la señora Sato. Me espera abajo, así que tengo que abrir la tienda.

Está tan sorprendido como yo.

—¿La madre de Hanako?

Asiento con la cabeza.

—¿Hanako también está?

—No. Su madre ha venido sola.

—¿Es que necesita más libros?

—Debe ser.

Tarô reflexiona un instante y me dice:

—La madre de Hanako ha sido muy buena conmigo. ¿Puedo despedirme de ella por última vez?

—Si quieres.

Busca uno de sus dibujos en el armario de su mesa y me sigue por la escalera interior que lleva a la planta baja.

Abro la puerta de la tienda e invito a pasar a la señora Sato, que se sorprende por la presencia de mi hijo: «¡Tarô!».

—Quiere despedirse, porque ha sido usted muy buena con él.

Aparentemente emocionada, la señora Sato se acerca a mi hijo, que le entrega el dibujo. Rodeados de animales, un niño y una niña caminan cogidos de la mano. Ha hecho ese dibujo con las acuarelas que ella le regaló por su cumpleaños. La señora Sato exclama, todavía emocionada:

—¡Qué bonito! Desde luego tienes talento. Gracias, Tarô. Lo guardaré como un tesoro, pensando en ti.

Le interpreto sus palabras a mi hijo. La señora Sato le da un largo abrazo y Tarô le dice en lengua de signos:

—Quiero mucho a Hanako. Adiós, señora.
Ella comprende y le responde:
—Hanako también te quiere mucho. Adiós, Tarô.
Mi hijo sonríe y vuelve al piso.

Hace frío en la tienda. Enciendo el radiador que está delante de la mesa donde nos sentamos. La señora Sato observa en silencio el dibujo de mi hijo.

—¿Mañana a qué hora sale de Nagoya? —le pregunto.

—A las nueve de la mañana. Primero vamos a Tokio y allí cogemos el avión a las dos de la tarde —dice, bajando la mirada.

Evito preguntarle por qué ha venido a verme en el último momento. De hecho, su marcha no es asunto mío. Sólo espero que no se quede aquí mucho tiempo. Tengo sueño y estoy cansada después de mi largo día, así que le suelto:

—La escucho, señora Sato.

Sube lentamente el rostro hacia mí, con los ojos inundados de lágrimas. Turbada, le pregunto:

—¿Qué ocurre?

Se seca las lágrimas con el pañuelo. Aparto la mirada. No me gusta la gente que llora delante de los demás. Al cabo de un momento, dice por fin:

—Es a propósito de mi hijo.

Estoy confundida.

—¿Su hijo? Pensaba que Hanako era hija única.

—Lo perdí al poco de nacer… —responde con voz temblorosa.

—¿Estaba enfermo?

—No, no estaba enfermo ni ha muerto.

Callada, pienso: «¿De qué habla?».

—Lo perdí, literalmente —añade—. Ahora tiene siete años, y es mestizo y sordomudo como Tarô.

Me da un vuelco el corazón: «¿Cómo?». El cansancio y el sueño desaparecen de repente.

La señora Sato baja la cabeza. También le tiemblan las manos. Boquiabierta, me repito: «¿Un mestizo? ¿Sordomudo? ¿Perdido? ¿Siete años?». Se me sube la sangre a la cabeza y me asalta una idea espantosa: Tarô sería un niño raptado y su madre lo acabó encontrando aquí, en mi casa. Reflexiono: «No es posible. Nunca escuché en las noticias que hubieran raptado a un niño que respondiese a esa descripción».

La señora Sato eleva los ojos, todavía inundados de lágrimas.

—Sé que mi historia la perturbará, pero debo compartirla con usted. Es usted la única persona a quien puedo confiar este secreto.

Con la mente todavía confusa, me pregunto: «¿Su hijo perdido y Tarô son el mismo?».

—Señora Sato, lo siento por usted, pero se ha equivocado eligiéndome como confidente —digo, dominándome—. Ya sabe que no me gusta escuchar las historias íntimas de los demás.

—¿Puedo hacerle una pregunta?

—Sí, lo que quiera.

—¿Tarô es su hijo biológico?

—¿Qué está diciendo? ¿Ha perdido la cabeza? —digo elevando la voz.

—Ya sabe de lo que hablo, señora Tsuji. No sé cómo lo adoptó, pero es el hijo que perdí.

Estoy pasmada: «¡Ella es su madre!». Escondiendo mi turbación, sigo fingiendo ignorancia.

—¿Cómo habría podido adoptarlo? Yo lo parí, con ayuda de una comadrona.

—¿Una comadrona?

Me mira desconcertada. Yo me mantengo firme.

—¡Naturalmente! Así que no me haga más preguntas ridículas.

—¿Puedo ver su partida de nacimiento?

—Eso no es asunto suyo, pero a pesar de todo se la enseñaré, y también su *koseki*.

Se queda callada y su rostro palidece aún más.

—¿Qué más quiere saber sobre mi hijo?

—¿Dónde nació? ¿En Nagoya?

—No, nació en Kanazawa.

—¿En Kanazawa?

—Sí. Como ya le comenté, su padre español murió poco antes del parto.

—¿Cómo se llamaba?

—Se llamaba Felipe Santos.

Murmurando, repite: «Kanazawa, Felipe Santos...». Su expresión se vuelve cada vez más perpleja.

—¿Qué hacía usted en esa ciudad? —me pregunta.

—Trabajaba en un hotel. Mi hijo y yo vivimos allí dos años y luego nos reunimos con mi madre, aquí en Nagoya.

Parece desconcertada.

—No sé cómo desapareció su hijo —prosigo, con tono seguro—, pero nunca oí que hubieran raptado a un mestizo discapacitado. ¿Avisó usted a la policía?

Sacude la cabeza.

—¿No? ¿Por qué?

—Porque fui yo quien lo abandonó.

—¡Que usted abandonó a su hijo! —exclamo.

—Yo... —balbucea— dejé a mi hijo en la taquilla de una estación.

—¡En una taquilla!

—Tenía la mente completamente trastornada. Volví a la estación en cuanto me serené, pero mi hijo ya no estaba. Fue en la estación de Maibara.

Me quedo boquiabierta: «Dios mío... ¡Así que fue ella quien cometió ese crimen!».

—Fue un 15 de enero —prosigue—, y nevaba igual que hoy.

Estremecida, repito para mis adentros: «Maibara, una taquilla, el 15 de enero, la nieve». Una mujer procedente de una familia rica y tradicional, y esposa de un diplomático. Pero sin duda es ella... la madre biológica de Tarô.

La señora Sato intenta seguir con su historia, pero la corto rápidamente.

—No, no. Sea verdad o no, no es asunto mío. Vaya a la policía si todavía lo está buscando. O hable con un cura, él escuchará sus faltas, aunque sean crímenes.

—Le ruego que sea indulgente conmigo —insiste—. Es con usted con quien querría hablar. Usted, que ha criado a un hijo idéntico al mío.

—¿Su marido está al corriente de su pasado? —le pregunto.

—No. Esto ocurrió antes de nuestra boda. De haberlo sabido, no se habría casado conmigo.

Esconde el rostro entre las manos y se pone a llorar. Necesito calmarme.

—Espere un momento —le digo—. Voy a traerle un té caliente.

Subo al piso. Son las nueve y media pasadas. Mi madre volverá pronto del cine, y pienso: «¿Qué dirá cuando nos vea a la señora y a mí hablando tan tarde en la tienda?». Mientras hierve el agua, entro en el cuarto de mi hijo.

Tarô duerme ya profundamente. Sentada en la esquina de su cama, contemplo su rostro inocente y apacible. Al lado de su almohada hay dos libros desplegados: *El gato gordo y la pequeña serpiente* y *Urashima Tarô*, regalo de Hanako, que leímos la noche de su cumpleaños. Me digo: «Eres medio hermano de Hanako, la amiga que adoras y tu media hermana». Le acaricio el pelo castaño, con los ojos empañados por las lágrimas. Oigo la nana de la comadrona:

> «*Hôzuki*, *hôzuki*, el amor enjaulado.
> Naranja como el lirio atigrado,
> reluciente como el sol.
> ¡Qué alegría! Tú eres mi resplandor».

Pienso en el momento de nuestro encuentro decisivo, el de Tarô y mío.

Mientras el tren se acercaba a la estación de Maibara, se puso a nevar. De repente me entraron ganas de pasear y bajé del tren. De haber hecho sol, no hubiera actuado así y habría ido directamente a Osaka a encontrar un empleo. Un bebé dormía tranquilamente en una taquilla de la consigna automática, ignorando mi llegada.

Tarô se da la vuelta en la cama. Mueve los labios como si murmurara. Debe de estar soñando. Me digo: «Así nos encontramos, tú, que fuiste abandonado, y yo, que aborté».

Voy a mi cuarto. Allí cojo el certificado de nacimiento de Tarô y su *koseki*, así como algunas fotos suyas. Las meto en un sobre y a continuación voy a la cocina a preparar las tazas de té.

La señora Sato sostiene la taza entre las manos. Nos quedamos un momento en silencio.

—Vivir con una carga semejante debe ser difícil para usted —le digo—. No obstante, debe abandonar sus ilusiones. Tarô no es hijo suyo.

Con aire triste, permanece callada. Saco del sobre los documentos en cuestión y las fotos de Tarô.

—Mire, señora Sato.

Despliego sobre la mesa, en primer lugar, los *koseki* y la partida de nacimiento. Ella los examina con los ojos muy abiertos y las manos temblorosas por los nervios. También le enseño las fotos de Tarô bebé tomadas con *mi* comadrona.

La señora Sato me pregunta, con la vista clavada en las fotos:

—¿Esta anciana vive todavía?

—No —respondo tranquilamente—. Murió hace unos años.

Le cuento la historia de la comadrona.

—Era una persona notable. Tenía más de ochenta años cuando la conocí. Ejerció su oficio en plena forma hasta sus últimos días.

La señora Sato posa la mirada en una foto en la que salgo con Tarô en brazos. Se ve la cabeza del bebé, cubierta con un gorro de lana con borla. Yo estoy delante de la casa de la comadrona, y está nevando.

—Aquí se ve de nuevo a mi comadrona —añado, señalando otra foto—. Adoraba a mi hijo, como si fuera su abuela.

La señora Sato parece confundida.

—De hecho —prosigo—, fue ella la que eligió el nombre de Tarô.

Pasmada, la señora Sato eleva los ojos hacia mí. Pienso: «¿Por qué le asombran tanto mis palabras?».

—El clima de Kanazawa es muy distinto al de Nagoya —continúo—, aunque la distancia es sólo de doscientos cincuenta kilómetros. Allí nieva mucho.

—¿Cómo fue usted de Nagoya a Kanazawa? —me pregunta.

Le respondo sin pensar.

—Primero, fui a la estación de Gifu. Allí cogí la línea de Takayama que lleva al norte. Me bajé en la última parada, la estación de Toyama, y de allí fui a Kanazawa.

—Pero, para ir a Kanazawa, se suele coger un *shinkansen* hasta Maibara y luego la línea de Hokuriku. Es más rápido.

Sigo mintiendo.

—¿Maibara? No. ¿Sabe usted que los paisajes son maravillosos en la línea de Takayama a través de las montañas?

Con aire ausente, la señora Sato no hace más preguntas. Recojo todos los papeles y las fotos y los vuelvo a meter en el sobre. Tras un momento de silencio, me dice:

—Desde la primera vez que vi a su hijo, no puedo dejar de pensar en él. Permítame que le haga una confesión, no la molestaré más.

La interrumpo.

—No hay que revelar nada a nadie. Las palabras que salen de la boca dejan de ser secretas.

A pesar de mi advertencia, empieza.

«Nací en Kioto. Mis padres llevan una pastelería tradicional cuya fundación se remonta a la era Edo. Todavía tiene más de una veintena de empleados, y en casa de mis padres hay una criada y una asistenta. Tengo dos hermanos, el mayor de los cuales continuará los negocios de nuestros antepasados. Yo soy la menor, mimada por toda la familia.

»De pequeña, era activa y estudiosa. Mi pasión era la lectura y la pintura. Después de terminar el instituto en mi ciudad natal, entré en una universidad para chicas en Tokio, en la especialidad de Literatura Japonesa.

»Lejos de mi familia, tan conservadora, me sentí por fin libre. Mis padres me mandaban suficiente dinero para que pudiera dedicarme por entero a mis estudios. Sacaba las mejores notas. Aunque estaban orgullosos de mis resultados, mis padres no me animaban a ser demasiado independiente, como una mujer de carrera. Querían que, después de mis estudios, me casara con un hombre asentado por medio de *miaï*.

»Mi vida de estudiante era privilegiada. Por la noche iba a cursos de inglés y de español en una escuela de idiomas privada. Durante mis vacaciones de verano e invierno, viajé a Inglaterra, Australia, España, México..., y en todos esos viajes hice rápidos progresos en estas lenguas. Mis padres estaban contentos de que gastara su dinero de forma inteligente. Mi sueño era convertirme en mujer de un diplomático, lo que sin duda les agradaría.

»En la escuela de idiomas conocí a D., un hombre encantador que acababa de entrar en el Ministerio de Asuntos Exteriores. Era un futuro diplomático muy prometedor. Nos llevábamos muy bien en la clase de inglés y pronto empezamos a salir. Yo era muy feliz. Mis padres se alegraron mucho cuando les hablé de D., y esperaban que nos casáramos inmediatamente.

»Un año más tarde, hacia el final de mis estudios, recibí una noticia demoledora: D. se iba a casar con una chica que habían elegido sus padres. No estábamos prometidos, pero no había imaginado que me dejaría así. Le llamé inmediatamente y él sólo me repitió que lo sentía.

»Era final de marzo. Decepcionada y deprimida, me preparaba para volver a Kioto. Un día, me encontré con un profesor de español de la escuela de idiomas en la que había estudiado. Tras cambiar unas palabras con él, me invitó a un bar. Me dijo que su mujer y sus hijos habían vuelto a España y que él debía reunirse con ellos dentro de poco. Le conté la historia de mi decepción amorosa. Esa noche, fuimos al hotel. Yo estaba completamente borracha. A la mañana siguiente, me desperté avergonzada de mi comportamiento y me despedí de aquel hombre, que quería volver a verme antes de marcharse.

»Regresé a Kioto. Tres semanas después, sufrí otra conmoción: estaba embarazada. Tener un hijo fuera del matrimonio estaba descartado, sobre todo de un hombre casado con quien me había acostado bajo los efectos del alcohol. No había más remedio que abortar.

»Tenía miedo y dudé si ir enseguida al médico. Confiaba en un aborto espontáneo, más que en uno provocado. Busqué los medios, pero sin resultado. Después de dos meses y medio, acabé yendo a una clínica. Una tocóloga me escuchó atentamente y a continuación me enseñó un documento sobre el aborto para que fuera consciente de lo que iba a hacer. En la pantalla se veía cómo extraían el feto con un instrumento. Me quedé horrorizada: el feto trataba de salvarse mientras se acercaba el instrumento, como un pez amenazado por un depredador. Y cuando la cabeza es demasiado grande, se la aplasta con otro instrumento para que pueda salir. No pude seguir mirando la pantalla y me fui de la clínica.

»El tiempo pasaba y yo seguía perdida. Al cuarto mes de embarazo, decidí salir de viaje. Les expliqué a mis padres que era un viaje para pintar y escribir haikus. Ellos creían que todavía necesitaba tiempo para reponerme de mi decepción amorosa con D. Les prometí volver a Kioto al cabo de seis meses, e incluso les dije que, después de mi viaje, tal vez aceptara los *miaï* que organizaran.

»Mi embarazo se acercaba a su fin.

»Me quedé en una pequeña ciudad de Hokuriku, muy cerca de Kanazawa. Allí encontré a una anciana comadrona en el último momento. Le dije que el padre del niño estaba en el extranjero y que no podría llegar a tiempo. Por suerte, no me hizo muchas preguntas personales y se limitó a tranquilizarme, diciendo: "No se preocupe. Tengo mucha experiencia, todo irá bien". Es horrible pensarlo, pero esperaba que el bebé naciera muerto.

»El 9 de enero di a luz. La comadrona me anunció con alegría:

»—¡Es un niño precioso!

»No me atrevía a mirarlo. Agotada, dormí durante horas. Cuando me desperté, la mujer me dijo:

»—El niño no tiene ninguna malformación física, pero puede que sea sordo. Debería consultar a un médico.

»"¡Sordo!". Esa noticia me impactó. Además, no tenía leche. La mujer le dio al bebé leche en polvo mientras me tranquilizaba:

»—Probablemente se debe al estrés. Ocurre a menudo. Descanse bien y pronto le subirá.

»La comadrona se puso a redactar un acta de nacimiento para el niño y me preguntó:

»—¿Qué nombre ha elegido?

»No respondí, turbada ante la idea de qué hacer con el bebé.

»—Me gusta mucho el nombre de Tarô —me propuso—, un nombre japonés clásico, como Hanako.

»Acepté, pensando: "Lo que sea, me da igual". Contenta, la mujer cantaba la canción *Momotarô*, pero yo no estaba de humor para escucharla. Cogí el acta de nacimiento y le dije:

»—Registraré al bebé en mi ciudad natal.

»Cuatro días después, dejé la casa de la comadrona, que insistía en que aún debía reposar, y me fui con el bebé a Kanazawa, donde pasamos dos noches.

»El 15 de enero cogí un tren para Maibara. Mi destino era Nagoya, donde no conocía a nadie. Todavía no sabía qué hacer con el bebé. Una vez más, tuve una idea horrible: "¿Y si lo dejo en una iglesia o en un templo budista?".

»El tren llegó a la estación de Maibara. Estaba nevando. Cuando bajé al andén para cambiar de línea, sufrí un mareo repentino. Tenía frío, y necesitaba descansar en algún sitio. Decidí ir a una sala de espera o a un café de la estación.

»Mi maleta pesaba. Para librarme un rato de ella, fui a las consignas automáticas. Al cruzarme con chicas en kimono, me di cuenta de que era el día del *seijin*.

»Andaba como perdida. En las consignas, me repuse al fondo de una fila apartada. Cuando abrí la taquilla, vi una caja de cartón olvidada o abandonada. La saqué. No había nada dentro, salvo un tallo de *hôzuki* con dos frutos. Los cálices eran grises y fibrosos, pero sus frutos eran muy coloridos. Me impresionó su color naranja, brillante como una luz. Tarô dormía. Lo acomodé en la caja, puse el tallo de *hôzuki* en la manta, empujé la caja dentro de la taquilla, dejando la puerta ligeramente abierta, y salí de la consigna.

»Con la mente nublada, llegué en taxi a una ciudad vecina a Maibara. En el hotel, dormí horas y horas sin parar.

»Dos días después, cuando por fin me desperté, me invadió un sentimiento de culpabilidad. Temerosa, encendí la tele: estaba segura de que hablarían de un bebé abandonado en una taquilla en la estación de Maibara. Pero no hubo nada de eso. Tuve miedo: "¿Todavía estará allí? ¡No, no quiero que esté muerto!". Presa del pánico, salí a toda prisa.

»De regreso a la estación de Maïbara, corrí a la taquilla. Para mi estupefacción, la caja ya no estaba. "¿Dónde está Tarô?". No sabía dónde estaba, pero me sentía aliviada por no haberlo encontrado muerto.

»Sin atreverme a ir a la policía, me limitaba a seguir las noticias en la tele y en los periódicos. Extrañamente, no se decía ni una palabra sobre un drama semejante. Con la esperanza de que el niño estuviese vivo en algún lugar, lloré durante mucho tiempo. "¡Qué horror! ¡Es un crimen!".

»Señora Tsuji, se puede imaginar mi sorpresa cuando vi a su hijo. Un niño mestizo y discapacitado. Su edad, su cumpleaños —el 15 de enero—, la fecha que nunca olvido… Todo concordaba. Además, el nombre de Tarô y su padre español. Igual que su pasión por la pintura, ¡como yo de niña! ¿Cómo era posible todo aquello? Me estremeció también el nombre de su tienda, Kitô. Aunque esté escrito en *hiragana* y usted dijese que significa «oración», para mí se trataba de *hôzuki*. ¿Cómo podía ignorar todas esas coincidencias?

»Lloré: "¡Es él! ¡Después de siete años, Tarô ha vuelto a aparecer ante mí! ¡Un niño maravilloso, feliz y atento!”. En mi cabeza, no podía dejar de darle las gracias por ser una madre tan buena para él. Sí, Tarô nació para vivir con usted».

Desayunamos. En un rato debo bajar a la tienda. Es domingo. Mi madre se va a la iglesia y, después, a un restaurante con su amiga. Tarô come sin decir nada, lo que no es habitual.

Todavía estoy cansada de ayer: la señora Sato se marchó de la tienda sobre la medianoche. Los domingos por la tarde suelo salir con Tarô, pero hoy no va a poder ser. Tengo previsto descansar en el piso en cuanto mi madre vuelva de la iglesia. Tarô eleva los ojos cuando su abuela me saca el tema de la señora Sato.

—¿Por qué la madre de Hanako vino a verte tan tarde? Se marcha hoy a Alemania, ¿no?

Ayer por la noche, mi madre volvió del cine poco después de las diez, subió al piso por la escalera exterior y se acostó sin molestarnos a la señora Sato y a mí. Respondo bostezando:

—Buscaba más libros para su marido. No creí que fuera a quedarse tanto tiempo.

Tarô me mira. Debe de comprender que hablamos de la madre de Hanako y echa un vistazo a su abuela, que continúa:

—Parecíais muy serias cuando os vi por el escaparate.

—En realidad, me contó la historia de su familia.

—¿Qué tipo de historia?

—Lo siento, mamá. Me pidió que la guardara para mí.

Tarô se termina el desayuno y va a su cuarto. Mi madre continúa:

—Me da la impresión de que esa mujer arrastra un pasado oscuro.

—¿Eso crees?

—Sí —responde burlona—. Espero que no se trate de un crimen, como en mi caso.

Sonrío.

—Esa mujer es frágil e indecisa, eso es todo. Se sea o no mujer de diplomático, cada uno tiene sus problemas.

—Lo sé, pero ¿por qué te ha elegido como confidente a ti, que no te pareces en nada a ella?

—Quizá sea precisamente por eso, y porque además no tengo ningún vínculo con su entorno.

—Podría ir a la iglesia como yo. El cura escucharía su confesión para que se liberase de esa carga.

—La mandaré allí si vuelve alguna vez por aquí.

—¿Si vuelve? —pregunta mi madre, intrigada—. ¿Es que no la vas a ver más?

—Probablemente no.

—Qué pena… Tarô quiere mucho a Hanako.

No respondo.

Mi madre se va a la iglesia y yo bajo a abrir la tienda. Bostezo sin parar. Por suerte, hay pocos clientes. Instalada detrás del mostrador, hojeo un catálogo de libros de filosofía. Tarô baja y pregunta:

—Mamá, ¿puedo ir a casa de *Onêchan*?

Sabe que estoy muy cansada y que no me apetece salir con él esta tarde.

—Sí, si ella está de acuerdo —le respondo.

Telefoneo a la pareja de estudiantes. La joven le dice a Tarô que vaya después de las dos de la tarde.

A eso de la una y media, mi madre vuelve y me sustituye en la tienda. Mi hijo y yo comemos y luego él se va a casa de nuestros vecinos. Me encierro en mi cuarto y me duermo enseguida.

Tarô y yo caminamos por la orilla del río. Detrás de nosotros pasea Sócrates, joven. De repente, mi hijo grita:

—¡Hanako está allí!

La diviso al otro lado del río. Nos saluda con la mano. Su madre no está con ella. Tarô me dice:

—Está sola. Debo ir.

Se quita la ropa, pero lo detengo.

—No. ¡Está lejos, no puedes nadar hasta la otra orilla!

Sin escucharme, se tira al agua y se pone a nadar como un loco. Presa del pánico, grito:

—¡Tarô! ¡Vuelve aquí!

Cuando llega junto a Hanako, escucho detrás de mí la voz de la señora Sato, que me sonríe:

—Juntos hacen una pareja adorable, ¿verdad?

Cuando me despierto de la siesta, son casi las cuatro y media de la tarde. Pienso en mi sueño. La señora Sato y Hanako ya han salido para Fráncfort. Murmuro: «Se acabó todo entre nosotras».

Bajo a la tienda. Mi madre está hablando con un cliente.

—¿Dónde está Tarô? —le interrumpo.

—Todavía no ha vuelto.

Tengo una sensación extraña: «¿Cómo tarda tanto?». Telefoneo a los vecinos.

—Tarô se fue hace una hora. Desde mi ventana le vi cruzar la puerta de su patio trasero —me responde la joven.

Estoy confundida.

—Hoy me hizo preguntas interesantes sobre el budismo —añade.

—¿Sobre el budismo?

—Sí. Sabe quién es Shaka y me preguntó qué significa *alcanzar el despertar*.

Me quedo pensando.

—¿Y qué más?

—Ah, también me habló de su amiga Hanako. Le entristecía que se hubiera marchado al extranjero.

Voy al patio trasero, pero Tarô no está allí. Salgo y voy hasta la esquina del callejón, pero no lo encuentro. Nunca ha salido sin avisarnos. Mi inquietud aumenta.

—Ve al parque del barrio —sugiere mi madre, tranquila—. Seguramente está allí.

—Pero nunca se queda allí sin nosotras.

—Sí. Desde que conoció a Hanako, no le da vergüenza jugar con otros niños.

No lo sabía. Mi madre sigue tranquila.

—No te preocupes demasiado. Él sabe que debe volver antes de las cinco.

Me lanzo a la calle.

El parque del barrio se encuentra a unos cien metros de nuestra casa. Es el lugar donde a Tarô le gusta pasear con su abuela. Mientras corro, me vienen ideas negras. «¡Lo han raptado!». «¡Ha huido para seguir a Hanako!». «¡Se ha ido en busca de su verdadera madre!». Pienso también en el sueño de antes: Tarô atravesando el río para reunirse con Hanako.

Del cielo gris empiezan a caer copos de nieve. Me vuelvo a ver alejándome de la estación de Maibara, con un bebé en un brazo y con el otro tirando de la maleta. La comadrona canta: «*Hôzuki, hôzuki*, el amor enjaulado…».

Llego al parque sin resuello. Es un extenso terreno lleno de árboles y plantas de jardín. Hay incluso un pequeño estanque y un riachuelo. Sigo corriendo por todas partes. Al cabo de unos minutos, encuentro por fin a Tarô. Sólo veo su silueta de espaldas. Con la cabeza gacha, está sentado en un banco.

Aliviada, me acerco a él lentamente. «¿Qué hace tan solo?», me pregunto. No se mueve. Cuando le toco el hombro, se da la vuelta muy sorprendido. Sus labios dicen: «¡Mamá!».

Me siento a su lado. Mi hijo sostiene una caja pequeña entre los brazos. Imagino que se ha traído los animales de plástico. Antes de que yo abra la boca, se disculpa.

—Perdona, mamá. Me fui de casa sin decirte nada, ni tampoco a la abuela. No lo volveré a hacer.

No tengo nada que añadir. Nos quedamos un rato en silencio. Me doy cuenta de que esa caja no me resulta familiar.

—¿Qué hay dentro? —le pregunto.

Tarô me muestra el contenido, vacilante.

—¡Un cachorro! —exclamo.

Es un perrito blanco de unas pocas semanas. Duerme tranquilamente, envuelto en una vieja bufanda de rayón. Recuerdo el dibujo de Hanako: un cachorro blanco con una flor naranja.

—Lo encontré debajo de un seto. Estaba en esta caja. Es un perro abandonado que necesita cobijo.

Me mira con aire suplicante mientras yo acaricio la cabeza del perro.

—Todavía es un bebé. Antes que nada, le podemos dar leche.

—¿Nos lo podríamos quedar?

—¿Por qué no?

Se me echa al cuello.

—¡Gracias, mamá!

Cogiéndolo entre mis brazos, susurro:

—Podrás ponerle un nombre.

—Me gustaría llamarlo Shaka —responde, como si ya lo hubiese decidido.

—¡Qué bonito nombre, como Sócrates!

Siguen cayendo copos de nieve.

—Nos vamos —digo, levantándome—. La abuela nos está esperando.

Tarô me sigue, sosteniendo la caja entre los brazos.

Caminamos en silencio, y pienso: «¿Por qué me empeñé en quedarme con este niño encontrado, mestizo y discapacitado?». Le dije a la comadrona: «No quería que viviese con tantas cargas». No era una mentira, pero tampoco la verdad.

—Tarô…

—¿Sí, mamá?

—Tú naciste para salvarme la vida.

—Ya me lo has dicho, pero tú me tuviste porque yo quería ser tu hijo.

—Entonces nos necesitamos el uno al otro.

—Sí, debe ser —dice como un viejo sabio.

Se detiene y examina a Shaka, cubierto con la bufanda de rayón hasta el cuello. El cachorro bosteza y Tarô me sonríe. En ese momento, vuelvo a ver un fruto de *hôzuki* vivo y naranja, como una luz.

GLOSARIO

Azami: cardo.

Furigana: *hiragana* o *katakana* escritos junto a un *kanji* para facilitar su pronunciación.

Haiku: Composición poética de origen japonés que consta de tres versos de cinco, siete y cinco sílabas.

Hatsuyuki: primera nevada.

Hiragana: escritura silábica japonesa.

Hôzuki: *Physalis*.

Kanji: ideogramas chinos.

Kasutera: pastel de origen portugués.

Katakana: escritura silábica japonesa utilizada principalmente para las palabras de origen extranjero.

Koseki: estado civil que fija el domicilio legal de la familia cuyos miembros llevan todos el mismo apellido.

Miaï: encuentro acordado con vistas a un matrimonio.

Momotarô: cuento de hadas japonés.

Ohagi: dulce japonés hecho de arroz y crema de judía roja.

Okonomiyaki: plato japonés compuesto de pasta e ingredientes muy variables.

Onêchan: hermana mayor.

Oni: criatura del folclore japonés. Ogros, demonios, diablos.

Onîchan: hermano mayor.

Sakaya: tienda o vendedor de bebidas alcohólicas.

Seijin: adulto, acceso a la mayoría de edad (veinte años).
Shinkansen: tren japonés de alta velocidad.
Takoyaki: plato presentado en forma de una bola de masa que contiene trozos de pulpo.
Tanka: poema japonés de treinta y una sílabas.
Urashima Tarô: cuento de hadas japonés.
Yûkaku: barrio de prostitutas.

Esta edición de *Hôzuki, la librería de Mitsuko*, compuesta en tipos AGaramond 12,5/16 sobre papel offset Natural de Vilaseca de 90 g, se acabó de imprimir en Salamanca el día 16 de abril de 2017, aniversario de la muerte de Yasunari Kawabata